FORSCHUNGSBERICHTE DES LANDES NORDRHEIN-WESTFALEN

Nr. 2022

Herausgegeben im Auftrage des Ministerpräsidenten Heinz Kühn
von Staatssekretär Professor Dr. h. c. Dr. E. h. Leo Brandt

Prof. Dr.-Ing. Dr. h. c. Herwart Opitz
Dr.-Ing. Bernd Schumacher
Dipl.-Ing. Ernst Kracht

Laboratorium für Werkzeugmaschinen und Betriebslehre
der Rhein.-Westf. Techn. Hochschule Aachen

Elektroerosive Bearbeitung

Springer Fachmedien Wiesbaden GmbH 1969

ISBN 978-3-663-20041-3   ISBN 978-3-663-20397-1 (eBook)
DOI 10.1007/978-3-663-20397-1

Verlags-Nr. 012022

© 1969 by Springer Fachmedien Wiesbaden
Ursprünglich erschienen bei West deutscher Verlag GmbH, Köln und Opladen 1969.

Inhalt

1. Einleitung 5

2. Grundlagen des Verschleißvorganges 5
   2.1 Theorien zum Abtragmechanismus 5
   2.1.1 Statische Feldtheorie 5
   2.1.2 Theorie der Abtragung durch mechanische Stoßkräfte 6
   2.1.3 Thermo-Schock-Theorie 6
   2.1.4 Thermische Erosionstheorie 7
   2.2 Verschleiß in Zusammenhang mit den Impulsparametern und Werkstoffeigenschaften der Elektroden 9
   2.3 Vorgänge während der Entladung 10
   2.3.1 Durchbruchmechanismus 11
   2.3.2 Die Spaltweite 12
   2.4 Geometrische Verteilung des Werkzeugverschleißes 13
   2.4.1 Verschleißkriterien 13
   2.4.2 Ergebnisse der Verschleißuntersuchung 14

3. Einflußgrößen für die mechanischen Leistungskennwerte 17
   3.1 Dielektrische Flüssigkeit 17
   3.2 Spülung 18
   3.3 Größe der Bearbeitungsfläche 19
   3.4 Elektrodenkühlung 20
   3.5 Aluminium als Elektrodenwerkstoff 20

4. Zusammenfassung 23

Formelzeichen 24

Literaturverzeichnis 26

Anhang 28

1. Einleitung

In den letzten Jahren haben sich bei der elektroerosiven Bearbeitung die statischen Impulsgeneratoren weitgehend durchgesetzt. Die Anwendung der Schwingkreisgeneratoren beschränkt sich auf die Schlichtbearbeitung, wenn niedrige Rauheiten gefordert werden. Aber auch in diesen Arbeitsbereich beginnt der statische Impulsgenerator vorzudringen, da sich der Elektrodenverschleiß durch geeignete Maßnahmen verringern läßt.

In dem vorliegenden Bericht werden einige Faktoren untersucht, die den Abtrag am Werkstück und den Verschleiß des Werkzeuges beeinflussen.

2. Grundlagen des Verschleißvorganges

2.1 Theorien zum Abtragmechanismus

Für die Überlegungen in diesem Kapitel ist es notwendig, zunächst auf die unterschiedlichen Theorien zum Abtragmechanismus einzugehen.

2.1.1 Die statische Feldtheorie

Nach WILLIAMS [36] treten in dem engen Bearbeitungsspalt und durch die Spitzenwirkung von Unebenheiten auf den Elektroden bei den verwendeten Spannungen so hohe elektrostatische Feldkräfte auf, daß sie die atomaren Bindungskräfte überwinden und das Metallgitter sprengen. Durch experimentelle Untersuchungen [32] wird für das erosiv je Entladung abgetragene Kratervolumen V die Beziehung (1), (2) entwickelt.

$$V_{an} = K \cdot T \cdot I^{3/2} \tag{1}$$

$$V_{ca} = K \cdot T \cdot I^{5/4} \tag{2}$$

V_{ca} = Kratervolumen an der Kathode [cu-in]
V_{an} = Kratervolumen der Anode [cu-in]
T = Impulsdauer [µs]
I = Entladestrom [A]
K = Materialkonstante [cu-in/A · µs]

Die Konstante K beträgt für die verschiedenen Werkstoffe zwischen $7\text{--}72 \cdot 10^{-13}$. Bei dieser Vorstellung von der Erosion bleiben die Festigkeitseigenschaften der bearbeiteten Werkstoffe von bedeutendem Einfluß. Die Werkstoffkonstante K wird darum mit der Zugfestigkeit K_T in Verbindung gebracht [32]

$$K = \frac{0{,}44 \cdot 10^{-6}}{K_T} \tag{3}$$

Diese Beziehung (3) konnte aber nicht für alle untersuchten Werkstoffpaarungen bestätigt werden und gilt nur, wenn der Schmelzpunkt über 610°C liegt. Außerdem wurden einige andere Ausnahmen und insbesondere auch ein Einfluß der magnetischen Eigenschaften der Elektrodenwerkstoffe festgestellt. RUDORFF [26, 27] vermutet, daß u. a. auch dynamisch auftretende Druckwellen, ähnlich den Wirkungen der Kavitation neben einem thermischen zu einem zusätzlichen mechanischen Abtrag des Werkstoffes führen.

2.1.2 Die Theorie der Abtragung durch mechanische Stoßkräfte

MANDELSTAM und RAISKIJ [37] erarbeiteten auf Grund von Beobachtungen des Entladevorganges, bei denen sie leuchtende Partikel aus den Elektrodenoberflächen in den Entladekanal vorstoßen sahen, eine mechanische Abtragshypothese. Nach ihrer Vorstellung werden durch diese sogenannten »Fackeln« – es kann sich dabei auch um Metalldampfstrahlen handeln – auf der Gegenelektrode durch den Aufprall Werkstoffpartikel abgelöst. Diese Wirkung wird mit der hohen kinetischen Energie der Teilchen begründet, die eine Geschwindigkeit bis zu 1000 m/sec erreichen sollen. Eine ähnliche Ansicht des Mechanismus der elektrischen Erosion der Metalle vertreten DIVERS [3] und HOH [10]. Nach ihrer Theorie wird der Metallabtrag vorwiegend durch das »Elektronen- und Ionen-Bombardement« auf die Oberfläche der Elektroden verursacht. Die Kraterbildung wird mit Meteoriteneinschlägen auf der Mondoberfläche verglichen. Die thermischen Wirkungen an beiden Elektroden werden als Folge- und Nebenerscheinungen erklärt. Den ungleichen Materialabtrag begründet man mit den ungleichen Massen von Ionen und Elektronen sowie mit der Energieverteilung auf Anode und Kathode, für die HOH folgende Formel (4) angibt, die mit seinen experimentellen Ergebnissen qualitativ übereinstimmt.

$$\frac{W_a}{W_0} = 1 - \left[\frac{8}{3} \cdot \frac{(d-1)}{\lambda} \cdot \frac{m}{m_g} - \frac{F_c - F_a}{c}\right] \qquad (4)$$

W_a = Energieabgabe an den Anoden-Brennfleck
W_0 = gesamte Entladungsenergie
d = Bearbeitungsspalt
l = Ausdehnung des Kathodenfall-Gebietes
V_c = Kathodenspannung
λ = mittlere freie Weglänge der Elektronen
m = Masse eines Elektrons
m_g = Masse eines Gasmoleküls
$F_{a,c}$ = Erosion an Anode bzw. Kathode

2.1.3 Die Thermo-Schock-Theorie

Insbesondere in Arbeiten, die sich mit der Untersuchung der bearbeiteten Oberflächen beschäftigen so wie von HINÜBER und RÜDIGER [8], wird auf Grund von mechanischen Veränderungen und Rissen in der Randzone als Ursache für den erosiven Metallabtrag u. a. die Schockwirkung der Entladungen angenommen. Die intensiven »Wärmestöße« verursachen demnach einen so großen Temperaturgradienten an den Oberflächen der Elektroden, daß durch die hohen Wärmespannungen Kristalle oder Kristallgruppen abgesprengt werden können.

2.1.4 Die thermische Erosionstheorie

Die meisten Anhänger fand bisher eine thermische Theorie, die nach den Vorarbeiten von LAZARENKO [14] durch SOLOTYCH theoretisch begründet wurde [33, 34]. Diese Theorie begründet den Abtrag nur durch thermische Erwärmungs-, Schmelz- und Verdampfungsvorgänge und bringt die elektrischen Entladebedingungen mit den wärmephysikalischen Eigenschaften der Werkstoffe in Verbindung.

Der Entlade-Mechanismus wird in zwei Phasen geteilt, eine quasi statische Erwärmungsphase und die anschließende dynamische Erosionsphase. SOLOTYCH bildet eine vereinfachte Bilanz der entstehenden Wärmemengen und führt sie in die allgemeine Fourriersche Differentialgleichung (5) [ref. 7] ein.

$$\frac{d\vartheta}{dt} = a \nabla^2 \vartheta + \frac{1}{c \cdot \varrho} \cdot W \tag{5}$$

∇ = Nabla Operator
ϑ = Temperatur
t = Zeit
a = Temperaturleitfähigkeit = $\dfrac{\lambda}{c \cdot \varrho}$
c = spez. Wärme
ϱ = Dichte
λ = Wärmeleitfähigkeit
W = im Volumenelement erzeugte Wärmemenge

Ohne Berücksichtigung des zweiten Summanden, der die Wärmequellen im System erfaßt, entwickelt er unter einigen vereinfachenden Annahmen und unter Vernachlässigung der Strahlungs- und Konvektionswärmen, die als sehr gering abgeschätzt werden, eine Beziehung (6) für das Temperaturfeld in den Elektroden

$$T_{(r,z,t)} = \int_0^{2\pi} \int_0^{r_0} \int_0^t \frac{q}{4\pi a(t-t_1)^{3/2}} \cdot e^{\left[-\frac{R^2}{4a(t-t_1)}\right]} r_1 \, dr_1 \, d\varphi \, dt_1 \tag{6}$$

T = Temperatur
q = Intensität der Wärmequelle
R = Radiusvektor ($R^2 = x^2 + y^2 + z^2$)
t = Zeit
a = Temperaturleitfähigkeit
z = Raumvektor

SOLOTYCH kann nachweisen, daß der Verlauf der Isothermen für die Schmelztemperatur des Werkstoffs, die aus der Gleichung gewonnen werden können, in guter Näherung mit der räumlichen Gestalt der Abtragskrater übereinstimmt, und daß darum die Möglichkeit gegeben ist, dessen Volumen vorauszuberechnen. SOLOTYCH unterläßt die Einbeziehung der im Werkstoffvolumen nach der Joule-Lenzschen Regel entstehenden Wärme, auf die LEBEDEW [15] die Erwärmung der Abtragszone bis zur Schmelztemperatur zurückführt. Nach seiner Abschätzung macht sie weniger als 3% der Gesamtheit aus. Es wurde jedoch später gezeigt [22, 29], daß die Vernachlässigung des zweiten Summanden im Ansatz von FOURRIER nicht zulässig ist, da eine beträchtliche Wärmeentwicklung nach der Joule-Lenzschen Regel auf Grund der hohen Stromdichten eintritt. NAKRASHEVICH [21] entwickelt theoretisch eine Formel für den Abtrag, die nur eine Stromerwärmung berücksichtigt, und die sich auch durch Experimente bestätigen ließ.

Die Meinungen bzw. Theorien divergieren also in diesem Teilbereich schon beträchtlich. SINGERMANN [31] führt fünf verschiedene Mechanismen an, in denen die verschiedenen Wärmewirkungen für einen Metallabtrag zusammenwirken können. Aufbauend auf seiner Theorie, in die er Drabkinas Theorie [4] über die zeitliche Ausdehnung des Entladekanals einbezieht, entwickeln Forscher in den USA [2] eine Beziehung für die Mindestenergie zur Bearbeitung von Werkstoffen. Damit können Werkstückwerkstoffe relativ zueinander nach ihrer Erosionsfestigkeit eingestuft werden.

Ein besonderes Problem beim Ansatz einer thermischen Hypothese ist auch die Aufteilung der Entladeenergie auf Anode und Kathode, mit der sich im Anschluß viele Forscher auseinandersetzten. PALATNIK und LJULITCHEW [25] entwickelten aus spektralen Untersuchungen der Entladekanäle auf Grund der verschiedenen Intensitäten der Metalldämpfe beider Elektrodenwerkstoffe die Wechselwirkungsbeziehung (7)

$$\frac{x_2}{x_1} \approx \frac{t_{k_1}}{t_{k_2}} \approx \frac{c_1 \cdot \varrho_1 \cdot \varkappa_1 \cdot T_{k_1}^2}{c_2 \cdot \varrho_2 \cdot \varkappa_2 \cdot T_{k_2}^2} \tag{7}$$

x = Konzentration der Dampfphase der Elektrodenwerkstoffe
t_k = Dauer der Verdampfung
c = spez. Wärme
$\varkappa$ = Wärmekapazität
ϱ = Dichte
K = Wärmeleitfähigkeit
T_k = Siedetemperatur

Nach ihrer Theorie geben die Intensitäten X der Metalldämpfe direkt Aufschluß über die relativen Abtragsmengen an den jeweiligen Elektroden und machen durch ihre Beziehung zu den wärmephysikalischen Größen eine Umrechnung in Energieeinheiten möglich.

MOTOKI und HASHIGUSHI [19] gehen von der Voraussetzung aus, daß eine Hochstromentladung bei der Erosion gegeben ist und daß für das thermische Plasma sowohl die Feldstärkenbeziehung von MACKEOWN als auch die Gleichung für eine thermische Elektronenemission Gültigkeit haben. Durch experimentelle Messung der Stromdichten können sie für die verschiedenen Werkstoffe die Elektronenstromdichte j_e und die positive Ionen-Stromstärke j_p bestimmen. Mit diesen Werten und bei der Annahme einer durch die Experimente angenähert bestätigten Spannungsverteilung am Bearbeitungsspalt läßt sich die Leistungsaufnahme der Kathode P_c auf Grund folgender Beziehung (8) berechnen:

$$P_c = \left[(V_c + V_i + \varnothing)j_p - V_e \cdot j_e\right] \cdot S \tag{8}$$

P_c [W] = Leistungsaufnahme der Kathode
V_c [V] = Spannungsabfall an der Kathode
V_i [V] = Ionisierungsspannung für ein positives Ion
$\varnothing$ [V] = Ausbruchsarbeit in Volt an der Kathode
V_e [V] = Energieverlust durch Elektronenemission
$j_e \left[\dfrac{A}{cm^2}\right]$ = Elektronenstromdichte
$j_p \left[\dfrac{A}{cm^2}\right]$ = Ionenstromdichte
S [cm²] = Kraterquerschnitt

Die Richtigkeit dieser Formel wird von ihnen experimentell mit verschiedenen Werkstoffen in Abtragversuchen bestätigt, die alle mit guter Annäherung ein Abtragverhältnis von Anode zu Kathode zeigen, das dem nach der Formel bestimmten Verhältnis für die Aufteilung der Impulsenergie entspricht. SCHIERHOLT [28] hat mit isolierten Drahtsonden die Verteilung der Spannungen am Bearbeitungsspalt gemessen. Er stellte fest, daß die Energieverteilung besonders auf der Anode von den geometrischen Spaltabmessungen beeinflußt wird, weil ein unterschiedlicher Anteil auf den Entladekanal entfällt, wenn dieser bei größeren Spalten länger wird. MOTOKI und HASHIGUSHI [19] berechnen aber nur die Kathodenleistung und nehmen für die Verteilung der Restenergie auf Kanal und Anode ein festes Verhältnis an. Die Messungen von SCHIERHOLT bieten bisher aber keine Möglichkeit, die Aufteilung quantitativ festzulegen.

2.2 Der Verschleiß in Zusammenhang mit den Impulsparametern und den Werkstoffeigenschaften der Elektroden

Aus den Untersuchungen über die Eigenschaften von Erosionsgeneratoren [24] lassen sich Hinweise zur Aufklärung des Abtrag- und Verschleißmechanismus ableiten. Betrachtet man den Verschleißverlauf in Abb. 1*, so ist eine starke Verschleißzunahme bei einer Impulsverkürzung mit konstanter Stromamplitude festzustellen. Berücksichtigt man weiter, daß der Kraterdurchmesser, d. h. der Kanaldurchmesser, mit der Impulsdauer zunimmt, was auch durch die theoretischen [4] und praktischen Ergebnisse [5, 30] bestätigt wird, so ist anzunehmen, daß am Anfang einer Entladung ein wesentlicher Verschleiß durch Verdampfung auf Grund der größeren Energiedichten eintritt. Nachdem der Entladungskanal gewachsen ist, wechselt der Abtragmechanismus. Das Entfernen des flüssigen Metalls erfolgt unter der Wirkung von elektromagnetischen und mechanischen Kräften. Dabei kann nach einer Modellvorstellung auf Grund der Energieverteilung zwischen den Elektroden nur noch am Werkstück ein Abtrag auftreten, so daß der relative Verschleiß mit zunehmender Impulsdauer geringer wird. In dem Modell, das zunächst beschrieben werden soll, sind die komplexen intermittierenden Vorgänge der Entladung in Flüssigkeiten vereinfacht erfaßt.

Unter der Voraussetzung, daß die Aufteilung der elektrischen Energie auf Anode und Kathode unabhängig von der Impulsdauer ist, können zwei gegenläufig wirkende Gruppen von Energieverlusten unterschieden werden, wenn das Impulsverhältnis $\eta_i = i_f/t_i$ bei konstanter Impulsenergie variiert wird. Zur einen Gruppe zählen die Energien, die zur Überhitzung oder Verdampfung der Metallschmelze im Krater verwendet werden, obwohl zum Ablösen des Werkstoffs das Schmelzen genügt. Diese Verluste werden um so größer, je stärker die Entladungsenergie zeitlich und damit räumlich konzentriert ist, d. h. je größer die Impulsstromamplitude und je kürzer die Impulsdauer ist. Da der Entladungskanal zu seiner Verbreiterung eine gewisse Zeit benötigt und anfänglich eine hohe Energiedichte gegeben ist, wird ein Verdampfen von Werkstoff auch noch bei Entladungen mit kleinerem Impulsverhältnis auftreten. Bei den erreichten Temperaturen spielen ein Schmelzpunktunterschied oder ungleiche Schmelz- und Verdampfungswärmen der Werkstoffe keine wesentliche Rolle mehr, so daß die Abtragmenge nur davon abhängt, wieviel Energie auf die betreffende Elektrode entfällt und eine wie große Zone thermisch in der kurzen Zeit erfaßt werden kann. Bei der Erniedrigung des Impulsverhältnisses tritt durch die Vergrößerung der Impulsdauer die zweite Gruppe von Verlustenergien zunehmend auf. In dieser Gruppe sind alle Energien enthalten, die durch Leitung oder Strahlung in die Umgebung der Entladungszone abgegeben werden. Sie sind mit längerer Impulsdauer größer und abhängig von

---
* Die Abbildungen stehen im Anhang ab Seite 28.

der Temperaturleitfähigkeit und der Wärmekapazität der Elektrodenwerkstoffe sowie von dem Temperaturniveau der Schmelze. Die relativ höchste Abtragleistung am Werkstück ist zu erwarten, wenn die Summe der Energieverluste den niedrigsten Wert besitzt. Diesem Abtragsmaximum ist dann ein Impulsverhältnis zugeordnet. Dies kann an Hand der Ergebnisse in Abb. 1 bestätigt werden. Abb. 2 zeigt diese Tendenz für eine konstante Funkenarbeit noch einmal. Bei einer Verlängerung der Impulsdauer ist eine Einstellung zu erreichen, bei der es dem Werkzeugelektrodenwerkstoff auf Grund seines Schmelzpunktes und seiner Wärmeleitungseigenschaften möglich ist, die zeitlich anfallende Energie völlig abzuleiten, so daß keine Abnutzung mehr erfolgt. Am Werkstück kann auf Grund anderer Werkstoffkennwerte und wegen eines anderen darauf entfallenden Energiebetrags noch ein geringer Abtrag erfolgen. Der relative Werkzeugelektrodenverschleiß wird, abgesehen von den Abnutzungen durch Verdampfung am Anfang der Entladung bei hoher Energiekonzentration praktisch Null. Die kaum wägbare Abnutzung der Kupfer- oder Graphitwerkzeugelektroden bei der Stahlbearbeitung mit langen Impulsdauern und kleinem Impulsverhältnis η_t, wie sie nur bei Impulsgeneratoren erreicht werden kann, bestätigt diese Modellvorstellung. Bei Schwingkreisgeneratoren sinkt der relative Werkzeugelektrodenverschleiß nicht unter 10%, da bei diesem Generatortyp eine derartige Impulsverlängerung nicht erreicht werden kann und die oszillierende Entladung zu hohen momentanen Stromwerten und Verdampfungen führt.

Auch die Randzonenuntersuchungen ergeben eine gewisse Bestätigung der Modellvorstellung, da bei hohen Impulsverhältnissen, bezogen auf eine konstante Funkenarbeit, eine stärkere Werkstoffranderwärmung zu erkennen ist. In den Überlegungen ist vorausgesetzt worden, daß das elektromagnetische bzw. mechanische Entfernen der Werkstoffschmelze aus der Entladungszone weitgehend am Ende der Entladung erfolgt, wie es SOLOTYCH [34] und SCHIERHOLT [28] im Gegensatz zu SINGERMANN [30] durch Versuche und Überlegungen begründen. Die größte Bedeutung kommt in der letztgenannten Theorie der spontanen Gasentwicklung in der Schmelze zu, wenn der Druck im Entladungskanal nachläßt. Abgesehen von der Gasbildung durch das Sieden bei geringem Druck entsteht ebenfalls Gas in der Schmelze durch die Erniedrigung des Bunsen-Koeffizienten (Gaslösevermögen) während der Abkühlung. Durch die Bildung des Gases wird der Werkstoff explosionsartig aus der Entladungszone ausgeschleudert.

2.3 Vorgänge während der Entladung

Voraussetzung für eine genauere Beschreibung des Abtragmechanismus ist die Kenntnis weiterer Einzelheiten der chemischen und physikalischen Vorgänge bei Funkenentladungen sowie die Aufstellung einer exakten Wärmebilanz. Diese Kenntnisse sind wichtig, weil daraus Maßnahmen abgeleitet werden können, die den unverändert hohen Schlichtverschleiß zu mindern gestatten.

Die Formel (9), die LANGMUIR [13] 1913 für die verdampfende Metallmenge ermittelte, zeigt, daß die Temperatur, die Fläche (Kanalquerschnitt) und der Druck eine Rolle spielen.

$$m = 5{,}833 \cdot 10^{-2} \cdot p_s \sqrt{\frac{M}{T}} \qquad [\text{g/cm}^2 \cdot \text{sec}] \tag{9}$$

m = verdampfte Metallmenge
p_s = Sättigungsdampfdruck   [mm Hg]
M = Molekulargewicht
T = absolute Temperatur   [°K]

Zur Bestimmung der Kanalabmessungen sind die Größe des Bearbeitungsspaltes, das zeitliche Wachstum und die Gestalt des Entladekanals sowie innerhalb des Kanals die Verteilung von Druck und Temperatur wichtig. Nach den Feststellungen verschiedener Forscher [34, 9, 30] unter Zuhilfenahme von Hochfrequenzaufnahmen macht der ionisierte elektrische Entladungskanal (Funkenplasma) nur einen begrenzten Teil der Gasblase aus. HOCKENBERRY [9] konnte weiterhin photographisch nachweisen, daß ein frei entwickelter Entladungskanal von einer kugeligen Gasblase umgeben ist, die bei Entladungen in engen Spalten je nach Lage deformiert auftritt. Für die Entwicklung des Entladekanals ist zusätzlich der Mechanismus der Zündung in strömender dielektrischer Flüssigkeit mitbestimmend.

Die exakte Aufstellung einer Energiebilanz wird, abgesehen von der polaritätsabhängigen elektrischen Energieaufteilung auf Anode und Kathode dadurch erschwert, daß eine Berechnung der Temperaturverteilungen bei den gegebenen instationären Verhältnissen sowie der gleichzeitigen Wirkung verschiedener Wärmequellen nach dem heutigen Stand der Technik nicht möglich ist.

2.3.1 Der Durchbruchmechanismus

Die meist in Anlehnung an SOLOTYCH [30] vertretene Ansicht, daß die Zündung der einzelnen Entladungen auf Grund der Spitzenwirkungen an den Elektrodenoberflächen durch hohe Feldstärken und Stoßionisationsvorgänge zustande kommt, muß beim Einsatz der Impulsgeneratoren in Frage gestellt werden. Die verwendeten niedrigen Spannungen und z. T. flachen Stromanstiegsflanken reichen wahrscheinlich für einen Spannungsdurchschlag im Bereich der normalen Spaltweiten nicht mehr aus. Ein solcher Durchschlag wird auch durch den Spüldruck und die Strömungsgeschwindigkeit erschwert. Nach Untersuchungen von MÜLLER [20] muß die Auslösung der Entladungen auf leitende Partikel zurückgeführt werden, die zur Brückenbildung zwischen den Elektroden im elektrischen Feld in der Lage sind, wenn sie genügend klein und in der dielektrischen Flüssigkeit beweglich sind. Diese Theorie wird gestützt durch photographische Aufnahmen, die HOCKENBERRY [9] und OBRIG [23] veröffentlichen. Bei den durchgeführten Abtragsuntersuchungen mit Rechteckimpulsen wurde außerdem deutlicher als bei dem Einsatz von Schwingkreisen festgestellt, daß eine geringe Verschmutzung des dielektrischen Arbeitsmedium für den Arbeitsprozeß förderlich ist. Auch die Tatsache, daß bei ortsfesten Entladungen durch hohes Tastverhältnis Materialpartikel in den Kanal gezogen werden und dort leitende Brücken aufbauen, läßt vermuten, daß eine Zündung durch Partikel vorrangig auftritt. Als auslösende Partikel kommen in Frage

a) Dissoziationsprodukte gelöster Flüssigkeits- bzw. Gas-Bestandteile.
b) Kolloidale Partikel aus der thermischen Zersetzung der Dielektrika wie z. B. feste paraffine oder olefine Bestandteile [11], die auch bei Untersuchungen an Isolierflüssigkeiten festgestellt wurden.
c) Feste Partikel, die aus den Zersetzungsprodukten der Kohlenwasserstoffe oder aus Abtragsrückständen bestehen.
d) Gasblasen, die durch Kavitation oder durch Kathodeneffekte bei bestimmten Spannungen entstehen können.

Die Auslösung einer Entladung durch eine submikroskopische Dampfbahn, deren Entstehung auf die Ionen-Reibung zurückgeführt wird, kann als »verschleierte Gasentladung« aufgefaßt werden. Inwieweit die im Spalt vorhandenen Gase aus der thermischen Zersetzung des Dielektrikums darauf Einfluß nehmen, läßt sich schwierig abschätzen.

Da der Zusammenbruch eines Entladungskanals erst lange nach dem Ende der elektrischen Entladung erfolgt, muß besonders bei hohem Tastverhältnis mit einer starken Gasansammlung gerechnet werden. Eine Klärung der Zusammenhänge ist nicht ohne die genaue Kenntnis der im Betrieb vorhandenen Spaltweiten des Druck- und Temperaturverlaufs sowie der geometrischen Abmessungen und Energieaufteilung möglich.

2.3.2 Die Spaltweite

Die bisherigen Messungen des Bearbeitungsspaltes an den Einlaufstellen der Werkzeugelektrode, d. h. als Seitenspalt, oder die Spaltmessung mit Ohm-Metern nach einer Unterbrechung des Erosionsprozesses führen durch die Ausfunkwirkung nach den Seiten bzw. durch Regelauslenkungen in Zustellrichtung zu ungenauen Ergebnissen. Es wurde darum ein Verfahren entwickelt, mit dem die Stirnspalte während des Erosionsbetriebs gemessen werden können (Abb. 3).
Die Signale von induktiven Wegaufnehmern, die die Bewegung der Werkzeugelektrode und die Relativbewegung zwischen Werkstück und Arbeitskopf anzeigen, werden einem Schreiber zugeführt, der weiterhin die Funkenspannung $\bar{u}_f$ und das Signal für die Auslösung der Messung aufnimmt. Durch eine zusätzliche Gleichspannung wird die im Erosionsgleichgewicht arbeitende Regeleinrichtung verstimmt, so daß eine Zustellbewegung der Werkzeugelektrode erfolgt. Bei geeigneter Schreibgeschwindigkeit läßt sich der Weg der Elektrode vom Zeitpunkt der Signalabgabe bis zum Eintritt des Kurzschlusses (Kurzschlußspalt a_k) und bis zum Beginn einer Kraftwirkung zwischen Elektrode und Werkstück (a_b), d. h. bis zum Aufbäumen der Maschine ausmessen. Voraussetzung für die Messung ist eine starre Werkstückeinspannung und eine hohe Empfindlichkeit des Aufnehmers für die Relativbewegung zwischen Arbeitskopf und Werkstück. Nach der Messung des Spaltes a_b wird der Spalt ausgespült und anschließend der Bearbeitungsspalt a ausgemessen.
Abb. 4 gibt Meßergebnisse wieder, die mit dem Generator C bei einer Einstellung von 550 mWs Funkenarbeit und einem Impulsverhältnis $\eta_i = 134$ A/ms gewonnen wurden. Der Kurzschlußspalt zeigt sich unbeeinflußt von der Bohrlochtiefe und beträgt im Mittel 15 µm. Bezogen auf die Betriebsspannung des Generators von $U_q = 55$ V errechnet sich daraus eine Feldstärke für den elektrischen Durchbruch von 55 kV/cm. Sie stimmt ziemlich gut mit dem von GANSER [6] gemessenen Wert überein, die dieser mit Einzel-Schwingkreisentladungen in mechanisch gereinigtem Testbenzin bestimmt hat. Diese Feldstärke kann nach MÜLLER [20] nicht ausreichen, um eine Entladung durch einen reinen Spannungsdurchbruch zu verursachen, eine Auslösung durch Partikel erscheint wahrscheinlicher. Der geringe Kurzschlußspalt macht gleichzeitig deutlich, welche Anforderungen an die Stellgenauigkeit der Regeleinrichtung zu richten sind.
Mit dem Thyristor-Generator D sind bei veränderlicher Funkenarbeit einige Messungen des Kurzschlußspaltes durchgeführt worden (Abb. 5), um den Einfluß der Bearbeitungsparameter zu bestimmen. Die höhere Betriebsspannung dieses Generators von $U_q = 110$ Volt schlägt sich bei der Impulsenergie von $A_f = 550$ mWs in der doppelten Spaltgröße a_k gegenüber dem Generator C nieder. Dabei muß allerdings das Impulsverhältnis berücksichtigt werden. Die Kurven zeigen alle mit wachsender Funkenarbeit eine Spaltzunahme und lassen darüber hinaus einen Einfluß der Stromamplitude bzw. des Impulsverhältnisses erkennen. Diese Tatsache bestätigt, daß die Zündung einer Entladung bei gleicher Spannung durch einen steileren Stromanstieg und eine größere Stromamplitude erleichtert wird.
Die Größe des Spaltes zwischen der Elektrode und dem Werkstück ist abhängig von der

Leerlaufspannung des Generators und der Durchschlagsfertigkeit des Dielektrikums, die durch Verunreinigung mit Abtragspartikeln und Zerfallprodukten des Dielektrikums vermindert wird. Daher ist die Größe des Stirnspaltes abhängig von der Abtragleistung und damit von der Funkenarbeit und von den Spülbedingungen, wie aus Abb. 6 hervorgeht.

2.4 Geometrische Verteilung des Werkzeugverschleißes

Da besonders in den Schlichteinstellungen noch mit einem beträchtlichen Werkzeugverschleiß bei der Erosion gerechnet werden muß, sind die Ursachen der ungleichmäßigen Verteilung des Verschleißes im Interesse einer Steigerung der Arbeitsgenauigkeit wichtig. Im folgenden soll die Auswirkung der Bearbeitungsgeometrie näher untersucht werden.

2.4.1 Verschleißkriterien

Der in der VDI-Richtlinie 3400 [1] festgelegte Kennwert »relativer Werkzeugelektrodenverschleiß ϑ« stellt ein reines Volumen-Verschleiß-Kriterium dar und gibt über die Verteilung keinen Aufschluß. Aus diesem Grunde werden als weitere Kennwerte das »Längenverschleißverhältnis ϑ_L« und das »Eckenverschleißverhältnis ϑ_E« untersucht und gemäß (10) bzw. (12) definiert.

$$\vartheta_L = \frac{\Delta l}{\Delta l_\vartheta} = \frac{\text{kleinste Längenabnahme der Werkzeugelektrode}}{\text{Längenabnahme der Elektrode bezogen auf den Volumen-Verschleiß}} \quad (10)$$

Darin ergibt sich die Größe Δl_ϑ gemäß der Beziehung (11) zu

$$\Delta l_\vartheta = \frac{V_E}{F_E} = \frac{V_W \cdot \vartheta}{F_E} \quad (11)$$

$$\vartheta_E = \frac{l_E}{l_B} = \frac{\text{Länge der Seitenkantenabnutzung}}{\text{Tiefe der Einsenkung}} \quad (12)$$

Zur Klärung der geometrischen Lage der verschiedenen Größen dient Abb. 7. Auf dieser Abbildung sind außerdem auch drei typische Abrundungsradien der Werkzeugelektrode markiert, die in die Auswertung mit einbezogen werden.
Das Längenverschleißverhältnis ϑ_L bietet eine Aussagemöglichkeit darüber, wieweit sich der in einer Arbeitsstufe und bei einem bestimmten Werkzeugstoff gegebene relative Volumenverschleiß ϑ von der Stirnfläche auf die Kanten oder zu anderen örtlichen Verschleißstellen verlagert. Für einen Vergleich zwischen verschiedenen Einstellungen und Werkstoffen eignet sich die Größe nur bedingt, da durch den Einfluß von V_W und ϑ auch die Bezugsbasis variiert. Beim Schlichten sind wegen des geringen Abtrages und relativ hohen Werkzeugverschleißes bezogen auf dasselbe Absolut-Abmaß Δl größere Werte für das Längenverschleißverhältnis zu erwarten als beim Schruppen. Das Eckenverschleißverhältnis besitzt keine unmittelbare Beziehung zu dem Volumenverschleiß, da als Basis die jeweilige Bohrungstiefe l_B dient. Diese Größe ist darum abhängig von der Gravurtiefe. Sie kann gut zum Vergleich verschiedener Arbeitsbedingungen insbesondere aber verschiedener Formen und Werkzeugelektrodenwerkstoffe herangezogen werden.

2.4.2 Ergebnisse der Verschleißuntersuchung

Für die Untersuchung wurden vier verschiedene prismatische Profile verwendet (Rund, Sechskant, Vierkant, Dreikant), die geometrisch auf eine gleiche Stirnfläche von $F = 12$ cm² abgestimmt waren. Der Elektrodenwerkstoff war Kupfer, das Werkstück gehärteter Gesenkstahl (56 NiCrMoV 7). Es wurden zwei Arbeitsstufen ausgewählt, die das Schruppen und das Schlichten repräsentieren können. Gespült wurde mit einem jeweils angepaßten Druck bzw. Unterdruck. Die Einzelheiten der Versuchsreihe sind in der Tab. 1 zusammengestellt worden.

Tab. 1 Übersicht über die Versuchsbedingungen

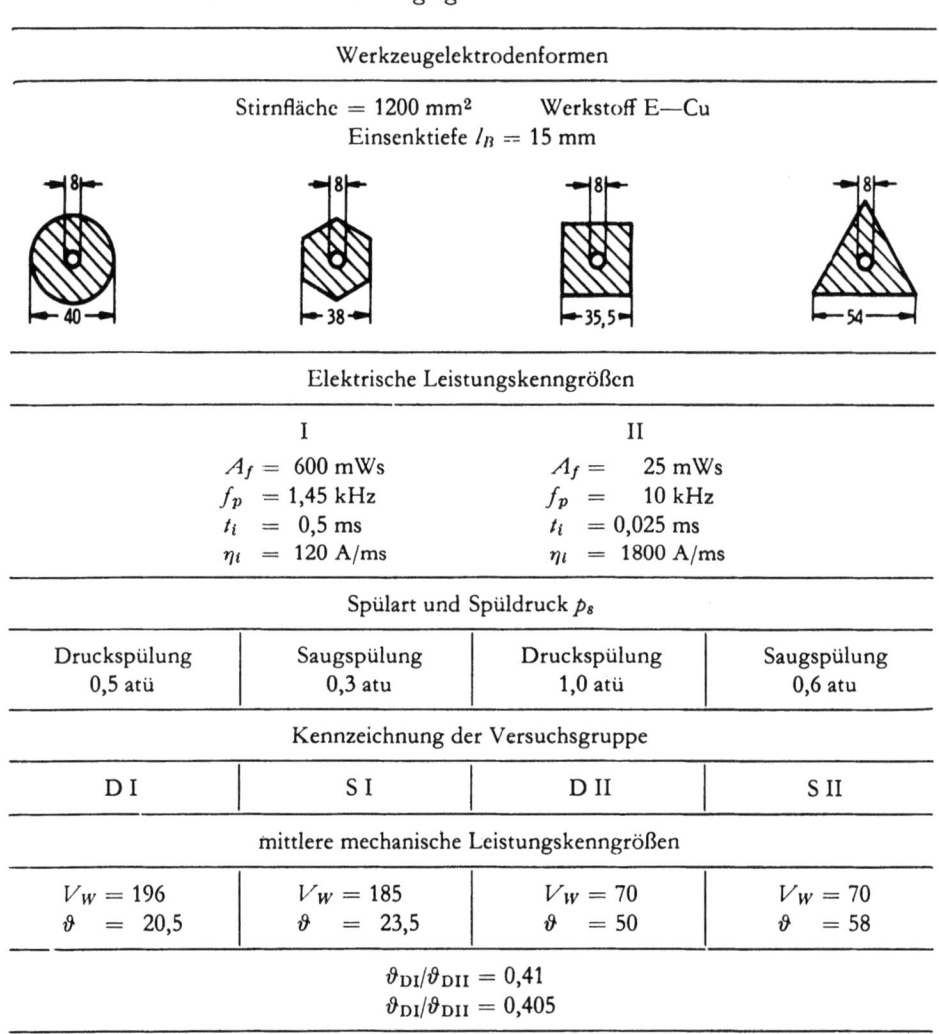

Werkzeugelektrodenformen			
Stirnfläche = 1200 mm² Werkstoff E—Cu Einsenktiefe $l_B = 15$ mm			
Elektrische Leistungskenngrößen			
I		II	
$A_f = 600$ mWs $f_p = 1{,}45$ kHz $t_i = 0{,}5$ ms $\eta_i = 120$ A/ms		$A_f = 25$ mWs $f_p = 10$ kHz $t_i = 0{,}025$ ms $\eta_i = 1800$ A/ms	
Spülart und Spüldruck p_s			
Druckspülung 0,5 atü	Saugspülung 0,3 atu	Druckspülung 1,0 atü	Saugspülung 0,6 atu
Kennzeichnung der Versuchsgruppe			
D I	S I	D II	S II
mittlere mechanische Leistungskenngrößen			
$V_W = 196$ $\vartheta = 20{,}5$	$V_W = 185$ $\vartheta = 23{,}5$	$V_W = 70$ $\vartheta = 50$	$V_W = 70$ $\vartheta = 58$
$\vartheta_{DI}/\vartheta_{DII} = 0{,}41$ $\vartheta_{DI}/\vartheta_{DII} = 0{,}405$			

Zur Auswertung der Proben wurden ein Werkstattmeßmikroskop mit optischer Feinanzeige, ein Tastschnittgerät mit 50facher Vergrößerung sowie ein Profilprojektor verwendet. Alle Einzelgrößen wurden mehrmals an verschiedenen Stellen bestimmt. Die Werkstücke und die Werkzeugelektroden waren außerdem symmetrisch geteilt und mit einem eingelegten Blech gleichen Werkstoffes zusammenmontiert. An diesen Blechen konnten nach dem Versuch die Profilabmaße der Bohrung und der Werkzeugelektrode in einer Ebene ausgemessen werden. Die Ergebnisse sind in der Tab. 2 zusammengestellt.

Tab. 2 Zusammenstellung der Meßergebnisse

Versuchs-bedingung Form			D I ● ⬢ ■ ▲				D II ● ⬢ ■ ▲				S I ● ⬢ ■ ▲				S II ● ⬢ ■ ▲			
V_W [mm³/min]			204	177	194	209	67	72	70	70	196	172	174	196	68	63	73	74
ϑ [%]			22	21	21	18	51	48	54	51	22	25	20	26	55	61	61	56
Δl_ϑ [mm]			3,2	3,0	2,9	2,7	8,7	7,9	9,0	8,6	3,5	2,4	2,5	3,4	7,9	11	8,7	8,3
Δl [mm]			2,1	2,1	2,0	2,0	8,3	7,8	8,9	8,5	3,0	2,1	2,0	2,9	7,3	9,4	7,9	7,1
ϑ_L			0,66	0,70	0,69	0,74	0,96	0,99	0,99	0,99	0,85	0,88	0,80	0,86	0,93	0,86	0,91	0,89
l_E [mm]			2,2	5,9	12,5	13,9	3,2	7,2	13,3	15,0	3,5	6,2	10,2	13,6	3,6	7,8	12,2	15,0
l_B [mm]			15	15	15	15	15	15	15	15	15	15	15	15	15	15	15	15
ϑ_E			0,15	0,40	0,83	0,93	0,21	0,48	0,89	1,0	0,23	0,41	0,69	0,91	0,26	0,53	0,82	1,0
r_K [mm]			0,8	0,7	0,8	0,8	1,1	1,1	1,2	1,3	1,4	1,3	1,4	1,4	1,7	1,7	1,7	1,7
r_E [mm]				1,0	1,5	1,8		1,3	1,6	2,0		1,9	2,2	2,4		2,3	2,6	3,0
r_S	Abstand von der Stirnfläche [mm]	1		1,05	0,56	0,48		1,52	1,00	0,80		1,18	1,08	0,62		1,52	1,16	0,86
		2		0,66	0,48	0,40		1,18	0,75	0,58		0,96	0,78	0,42		1,24	1,05	0,60
		4		0,38	0,36	0,22		0,84	0,44	0,42		0,92	0,58	0,30		0,98	0,80	0,40
		6		0,36	0,30	0,18		0,60	0,34	0,36		0,80	0,34	0,28		0,82	0,58	0,30
		8		0,34	0,24	0,16		0,52	0,28	0,32		0,66	0,30	0,20		0,66	0,36	0,20
		10		0,32	0,20	0,12		0,46	0,20	0,26		0,56	0,26	0,12		0,56	0,26	0,20

Die graphische Darstellung des Längenverschleißverhältnisses ϑ_L in Abb. 8 zeigt zunächst, daß die Schlichtstufen wie erwartet größere Werte liefern. Bezieht man die Ergebnisse aber auf ein einheitliches Verschleißverhältnis ϑ_L, dann müssen die Werte von D II und S II auf 41 bzw. 40,5% abgesenkt werden (vgl. Tab. 1). Der Einfluß der unterschiedlichen Abtragleistung V_W wurde bereits dadurch ausgeglichen, daß auf gleiche Einsenktiefe, d. h. mit verschiedener Bearbeitungsdauer gefahren wurde. Es ergibt sich danach, daß die Formabweichung beim Schlichten entsprechend dem größer werdenden relativen Werkzeugelektrodenverschleiß zunimmt, da der Bestwert bei 1 liegt. Die Formverzerrung unterscheidet sich bei den Saugspülversuchen weniger als bei den Druckspülversuchen. Das liegt daran, daß die Änderung des Bearbeitungsspaltes zwischen Druck- und Saugspülung in der Schruppeinstellung stärker zur Geltung kommt. In der Schruppstufe erweist sich die Saugspülung als vorteilhafter für das Längenverschleißverhältnis, in der Schlichtstufe ist das umgekehrt. Dieser Effekt kann dadurch bedingt sein, daß in einem Fall die Spaltvergrößerung beim Saugspülen durch eine größere Reinheit der dielektrischen Flüssigkeit überkompensiert wurde, da beide Einflüsse gegensinnig wirken. Die Werte für die verschiedenen Werkstückformen unterscheiden sich nur wenig. Bei der Druckspülung zeigt sich in der Tendenz eine schwache Zunahme von ϑ_L mit dem Übergang vom Kreisquerschnitt zum Dreieckquerschnitt. (Die Formen sind geordnet nach dem Unterschied der Entfernungen zwischen nächstem und fernstem Umfangspunkt vom Profilmittelpunkt.)

Das in Abb. 9 dargestellte Verhalten des Eckenverschleißverhältnisses ϑ_E zeigt eine starke Differenzierung der verschiedenen Formen und kann praktisch als unabhängig von den Einstellbedingungen angesehen werden. Die unterschiedliche Profilgestalt führt zu einer zunehmenden Verschiebung der Entladungsdichte an den Kanten und Ecken, so daß dort ein größerer Verschleiß entsteht, der die Sollform verzerrt. Die selben Ursachen wirken sich auch auf die Abrundung der Stirnkanten bzw. Ecken aus, so daß sich tendenziell dasselbe Verhalten wie für ϑ_L und ϑ_E auch für die Abrundungen r_K und r_E ergibt. Das läßt sich in der Tab. 5 bei einem Vergleich der Werte erkennen. Die Seitenkantenabrundung ist bei der größten Bohrtiefe am deutlichsten vorhanden. Sie läßt sich im Entstehungsmechanismus ähnlich erklären wie die Kantenabrundung r_K die in Abb. 10 als Funktion der Einsenktiefe aufgetragen wurde. Im Ausgangsstadium mit scharfer Kante muß von einem Punkt der Kante aus das gesamte Werkstoffvolumen bis zur um die Spaltweite äquidistanten Werkstückkontur abgetragen werden. Die große örtliche Entladungszahl führt zu einer raschen Abnutzung bzw. Abrundung. Bei stärkerer Abrundung läßt die Entladungsdichte entsprechend den in der Skizze angedeuteten Verhältnissen nach. Die Radien an den Grundkanten und den Seitenkanten einer Gravur sind also eine Funktion sowohl der Gravurtiefe wie des relativen Volumenverschleißverhältnisses ϑ.

Diese Ergebnisse können nun von der Ebene unmittelbar auf die räumlichen Verhältnisse an Ecken übertragen werden. Bei Ecken erhöht sich gegenüber der Kante die Zahl der Begrenzungsflächen um eine weitere, so daß von einem Eckpunkt aus ein Halbkugelsegment erodiert werden muß, dessen Volumen von dem Eckwinkel abhängt. In Abb. 11 sind diese Verhältnisse mit der Angabe des Eckenvolumens für die untersuchten Querschnittsformen schematisch wiedergegeben. Die Tatsache, daß die gemessenen Eckenverschleißverhältnisse entsprechend der Steigerung dieser Eckenvolumina zunehmen, berechtigt zu der Annahme, daß die räumliche Verteilung des Verschleißes abgesehen von der Verzerrung durch die Spül- und Druckbedingungen, sich nach dem örtlich abzutragenden Werkstoffvolumen richtet und mit dem Impulsverschleiß gekoppelt ist. Vergleicht man die Eckenverschleißverhältnisse ϑ_E und die Eckenabrundungen r_E für das Sechskant- und das Dreikant-Profil, zwischen denen sich das Eckenvolumen verdoppelt, so ergibt sich annähernd auch eine Verdoppelung für beide Kriterien (Abb. 9). Daß die Zunahmen nicht ganz linear sind, begründet sich aus der schnelleren Abrundung der werkstoffärmeren Dreieckseitenkante. Der Abtragszustand entfernt sich darum auch schneller von den betrachteten idealen Eckenbedingungen und führt zu einer stärkeren Verschleißverteilung. Eine besonders starke Abnutzung muß sich nach dieser Theorie an den Seitenkanten von schmalen, rechteckförmigen Profilelektroden ergeben, was praktisch beim Schneiden mit Blechelektroden auch bestätigt wird. Aus den Beziehungen für das jeweilige Eckenvolumen ist abzulesen, daß die Größe des Bearbeitungsspaltes, die in der dritten Potenz eingeht, von besonderem Einfluß ist. Beim Schruppen mit sehr kleinem relativem Werkzeugverschleiß aber großem Spalt muß also trotzdem ein Formfehler in Kauf genommen werden. Beim Übergang zum Schlichten, bei dem der Werkzeugverschleiß exponentiell zunimmt, wird dagegen durch den kleiner werdenden Bearbeitungsspalt eine gewisse Kompensation möglich.

Für die Anwendung der Funkenerosion bei der Herstellung von Raumformen folgt aus den Ergebnissen, daß die an einzelnen Formpartien erzielbaren Genauigkeiten, bzw. Kantenschärfen sich nicht nur nach dem Volumenverschleiß ϑ der Werkzeugelektrode, sondern in starkem Maße auch direkt nach den geometrischen Verhältnissen richten. Einen starken Einfluß auf die Kantenschärfe besitzt die Einsenktiefe. Der besondere Verschleißmechanismus führt an Seitenflächen zu Konizitäten, die mit dem Eckenwinkel zusammenhängen und je nach Bearbeitungstiefe vom Grund bis zum Einlauf der Form reichen können. Da sich solche Maßabweichungen bei dem Erosionsverfahren nur durch den aufeinanderfolgenden Einsatz mehrerer Werkzeugelektroden annähernd beseitigen lassen, wird zweckmäßig bereits bei der Konstruktion ein Kompromiß zwischen der erforderlichen Konturschärfe und Konizität einerseits und dem Bearbeitungsaufwand andererseits angestrebt.

3. Einflußgrößen für die mechanischen Leistungskennwerte

Die Wirkung verschiedener Einflußgrößen auf die mechanischen Leistungskennwerte wurden für Schwingkreisgeneratoren [18, 41, 57] untersucht. Da bei statischen Impulsgeneratoren insbesondere der Arbeitsspalt in der Impulspause spannungsfrei ist und die Entladekennwerte von den Verhältnissen im Arbeitsspalt unabhängig sind, müssen in bezug auf die dielektrische Flüssigkeit und die Größe und Tiefe der Bearbeitungsfläche andere Verhältnisse als beim Schwingkreisgenerator erwartet werden.

3.1 Dielektrische Flüssigkeit

Für die Schwingkreisgeneratoren wird als besondere Eigenschaft der Arbeitsflüssigkeit immer eine hohe dielektrische Festigkeit angestrebt. Die Anforderungen an das Arbeitsmedium beziehen sich beim gesteuerten Generator nicht mehr in erster Linie auf die Durchschlagfestigkeit, da in der Impulspause keine Spannung anliegt und diese Kenngröße darum nicht mehr auf die Funkenarbeit Einfluß nehmen kann. Zur Vergrößerung des Bearbeitungsspaltes kann man auch schwache Elektrolyte und Wasser einsetzen oder Medien mit polarer Molekülstruktur verwenden [2], die die Zündung erleichtern. Es ist auch versucht worden, durch Zusatz leitender Partikel zum Arbeitsmedium [12] die Regelschwierigkeiten bei engen Spalten zu umgehen und niedrige Durchschlagfestigkeiten für statistische Impulsgeneratoren zu erhalten.
Entscheidend für die Zweckmäßigkeit solcher Medien bleibt aber zunächst die Größe der mechanischen Leistungskennwerte. In Abb. 12 sind für eine Impulsarbeitseinstellung von 500 mWs die Ergebnisse mit verschiedenen Flüssigkeiten vergleichend aufgetragen. Die gebräuchlichen Kohlenwasserstoff-Flüssigkeiten zeigen sich dem Wasser und der bipolaren Triaethylenglykol-Lösung überlegen. Beim Einsatz von Wasser sind auf den Elektroden stärkere Korrosionserscheinungen durch die Wirkung der Elektrolyse festzustellen. Als Öl kam dabei ein legiertes Maschinenöl und kein ausgesprochenes Isolieröl zum Einsatz. Die verhältnismäßig größere Rußbildung wirkte sich augenscheinlich positiv auf das Betriebsverhalten aus.
Die Kohlenwasserstoff-Dielektrika sind, wie die Untersuchungsergebnisse zeigen, im üblichen Einsatzbereich der Erosion auch bei Verwendung von Impulsgeneratoren den anderen bekannt gewordenen Medien vorzuziehen. Die Auswahl unter ihnen richtet sich neben dem erosiven Leistungsverhalten nach den Gebrauchseigenschaften [13, 18]:

    Filtrierbarkeit
    Schlammlösevermögen, Gaslösevermögen, Feuchtigkeitsaufnahme,
    Gasbildung während der Erosion und Verdunstung (Temperaturfunktion)
    Viskosität
    Beständigkeit der Eigenschaften über der Zeit, Alterungsneigung

Da die thermischen Crack-Temperaturen aller Kohlenwasserstoffe bei 400–500°C liegen, d. h. da alle Dielektrika durch das Funkenplasma ($\sim$ 6000°C) zersetzt werden, ist weiterhin wichtig, daß keine schädlichen Crackprodukte entstehen. Der Aromaten- und Olefine-Gehalt muß gering sein. Zu den Crack-Produkten zählen sowohl die Ruß- und Kohle-Partikel als auch die z. T. giftigen Gase und flüssige Reaktionsprodukte.

3.2 Spülung

Bei den niedrigen Betriebsspannungen der statischen Impulsgeneratoren wird infolge der entsprechend geringen Spaltweiten der Einsatz einer Spülung zur Spaltreinigung meist unumgänglich. Beim Einsatz von Spülungen muß ein Kompromiß gesucht werden zwischen der Durchsatzmenge, die zur Reinigung erforderlich ist, und den durch die ungleichen Verschmutzungsgrade hervorgerufenen ungleichen Abtragsbedingungen [23]. In Abb. 13 ist die Beeinflussung des Leistungsverhaltens durch den Spüldruck als Parameter für verschiedene Energieeinstellungen zu erkennen. Mit dem Übergang von der Schruppeinstellung (2400 mWs) zum Schlichten ist eine leichte Erhöhung des Spüldrucks vorteilhaft, da der Durchsatz wegen des enger werdenden Spaltes nachläßt. Im ganzen ist aber ein geringerer Spüldruck sowohl für den Abtrag wie den Verschleiß günstig.

Ungleiche Abtragverhältnisse werden einmal durch die von der Einspül- zur Ausspülstelle zunehmende Änderung der Durchschlagfestigkeit infolge der Aufnahme von Abtrag, Graphitpartikeln und Gas verursacht. Zum anderen entstehen unterschiedliche Spaltweiten durch die veränderliche Strömungsgeschwindigkeit mit größerem Abstand von der Zuführbohrung sowie durch den abnehmenden Druck über der Länge der Drosselstrecke. Die Durchschlagfestigkeit des Mediums erhöht sich bei steigendem Druck [35] ähnlich wie bei Gasen (Paschen-Gesetz). Ein erhöhter Betriebsdruck führt wahrscheinlich durch die Auswirkung des Paschenschen Gesetzes auf das Entladungsplasma auch zu einer Änderung des Widerstandes der Funkenstrecke während der Entladung. Das ist nicht unmittelbar einleuchtend, da nach bisherigen Untersuchungen [4, 17, 30] im Entladungskanal ein hoher Druck vorhanden ist, der von außen durch den drosselnden Spalt kaum beeinflußt werden kann. Als Folge dieser Erscheinung können bei der Bearbeitung mit Spülung die Spalte an der Einspülstelle, wo neben hohem Druck zugleich sauberes Dielektrikum vorliegt, sehr gering werden, wie auch Abb. 6 zeigt. Die Verbesserung der Regelungsbedingungen, die durch die Spülung erreicht werden soll, wird wieder aufgehoben. Aus diesem Grund ist die Verwendung einer intermittierenden Spülung oder eine Saugspülung vorteilhafter. Diese Spülung ist meist apparativ schwieriger durchzuführen, bringt aber durch die Erniedrigung der Durchschlagfestigkeit Vorteile. Die Saugspülung hat außerdem den Vorteil, daß an den meist wichtigeren zylindrischen Außenflächen der Werkstücke durch die größere Sauberkeit des Arbeitsmediums eine bessere Genauigkeit erzielt wird.

Die entstehenden Formverzerrungen bei der Bearbeitung nehmen noch zu, wenn durch die geometrische Anordnung eine gleichmäßige Durchströmung der Form nicht möglich ist. An den nur schwach durchströmten Stellen liegen die günstigsten Arbeitsbedingungen vor, so daß dort der geringere Werkzeugelektrodenverschleiß festgestellt wird. Untersuchungen mit einer Dreikantenelektrode, die die selbe Stirnflächengröße wie die Rundelektroden besaß, zeigen diese Ergebnisse deutlich. Sie wurden in einer mittleren Einstellung des Generators C mit einer Funkenarbeit von 550 mWs durchgeführt (Abtragleistung V_W 250 mm³/min; rel. Wz-Verschleiß $\vartheta \approx 20\%$). Nach 90 Minuten Versuchsdauer betrug der Unterschied der Längenabnahme an der Außenkante der Stirnfläche der Elektrode bei Saug- oder Druckspülung mit 0,5 at $\Delta l \approx 1$–2 mm, das sind mehr als 10% der Einsenktiefe. Die unterschiedliche Gestalt ist in den Skizzen auf Abb. 14 festgehalten. Bei Saugspülung konnten auf der Stirnfläche der Elektrode regelrechte Grate beobachtet werden, die von der Saugbohrung entsprechend den strömungsschwachen Zonen zu den Ecken verliefen. Sie bildeten sich als Strömungsscheiden aus. Wenn eine Spülung während der Bearbeitung nötig ist, sollte darum zweckmäßig der Spalt intermittierend gereinigt werden. Vollständig aufheben lassen sich die Formverzerrungen aber auch dann nicht, da ohne besondere Spülung unter der Wirkung der Regelamplituden Strömungswirkungen auftreten und da die Elektrodenkanten einen größeren Verschleiß zeigen.

3.3 Größe der Bearbeitungsfläche

Nach den Ergebnissen der Spülversuche ist einleuchtend, daß neben der Gestalt auch die absolute Größe der Bearbeitungsfläche und zusätzlich die Gravurtiefe von Einfluß auf das mechanische Leistungsverhalten des Verfahrens sein müssen. Es ist bekannt, daß beim Einsatz von Schwingkreisanlagen mit zunehmender Bearbeitungsfläche von einer bestimmten Größe an die Abtragleistungen bei steigendem Verschleiß stark abnehmen. Bei tiefen Sackbohrungen kann der Vorschub zum Erliegen kommen, weil die Entladungen über nicht entfernte Abtragspartikel und mit niedriger Energie erfolgen.

Bei gesteuerten statischen Impulsgeneratoren sind die Einflüsse der Spaltbedingungen wesentlich geringer. Die in Abb. 15 wiedergegebenen Versuchsergebnisse zeigen zunächst, daß der Impulsabtrag von der Veränderung der Bearbeitungsfläche bei großer Funkenarbeit gar nicht und bei kleinen Energien nur schwach beeinflußt wird. Bei größerer Funkenarbeit (Schruppen) ist auch die Abtragleistung konstant, solange die Flächengröße wie in diesem Fall, über der Mindestgrenze für die Energiedichte liegt. Der relative Werkzeugelektrodenverschleiß zeigt dabei eine schwache Zunahme. Bei der Verringerung der Funkenarbeit (Schlichten) wirkt sich die Flächengröße jedoch stärker störend aus. Der Abtrag nimmt bedeutend ab, der Verschleiß wächst exponentiell. Da der Impulsabtrag nur relativ wenig variiert, kann diese Wirkung allein auf die durch kleine Spalte verursachte schlechte Spülung und auf ausfallende Impulse auf Grund von Regelstörungen zurückgeführt werden. Es war auch zu beobachten, daß sich Abtrag und insbesondere Graphitpartikel in nicht durchspülten Zonen oder an rauhen Oberflächenstellen zu einem kompakten Belag anhäuften, über den Entladungen wie über einen Widerstand wirkungslos erfolgten. Nur gelegentliche helle metallische Flecke in einer solchen Zone deuten echte Funkenentladungen an. Da die Schlichteinstellungen jedoch weniger zur Formausarbeitung, sondern eigentlich nur zur Oberflächenverbesserung benötigt werden, kann man aus den Ergebnissen schließen, daß mit den Impulsgeneratoren große Bearbeitungsflächen gleichmäßiger und besser bearbeitet werden können. In der räumlichen Darstellung (Abb. 16) ist die Abtragleistung über der Bearbeitungsfläche und dem Arbeitsstrom aufgetragen. Oberhalb einer Mindestarbeitsfläche, deren Größe der Höhe des Arbeitsstromes und damit auch des Impulsstromes proportional ist, wird die Abtragleistung nicht mehr beeinflußt, während bei Schwingkreisgeneratoren die Abtragleistung bei großen Bearbeitungsflächen wieder absinkt [16].

Die gleichmäßige Arbeitsweise des Impulsgenerators zeigt sich auch an der konstanten Einsenkgeschwindigkeit als Funktion der Gravurtiefe. In Abb. 17 sind die Bohrtiefe und die Längenabnahme sowie der Vorschubweg der Werkzeugelektrode als Zeitfunktionen aufgetragen. Die gleichmäßige Zunahme je Zeitintervall nach einem Einlaufvorgang läßt erkennen, daß die Gravurtiefe bis zu dem hier erreichten Tiefen/Breiten-Verhältnis von 0,5 noch keinen Einfluß ausübt. Der Verschleißvorgang der

Elektrode geht auch aus der Skizze im Bild hervor, die die Verschleißstufen eines in der Elektrode eingespannten Bleches für jedes Intervall wiedergibt.

3.4 Einfluß einer Elektrodenkühlung

Wie in Abschnitt 2.2 gezeigt wurde, treten bei der elektroerosiven Bearbeitung zwei Gruppen von Energieverlusten auf. Die eine Gruppe umfaßt die Energien, die zu einer Überhitzung oder Verdampfung der Metallschmelze führen, während die zweite Gruppe alle Energien enthält, die durch Leitung und Strahlung an die Umgebung abgegeben werden. Die Abtragleistung V_W am Werkstück weist für einen bestimmten Impulsstrom i_f dann ein Maximum auf, wenn die Summe der Energieverluste den niedrigsten Wert besitzt. Der relative Werkzeugelektrodenverschleiß ϑ ist aber andererseits um so geringer, je besser die der Werkzeugelektrode durch den Erosionsprozeß zugeführte Energie von dieser abgeführt werden kann. Dies ist um so vollständiger möglich, je länger die Impulsdauer t_i wird, da die Wärmeleitungseigenschaften zeitabhängig sind.

Da also die Abtragleistung V_W durch die Summe der beiden Energieverlustgruppen und der relative Werkzeugelektrodenverschleiß ϑ nur durch die zweite Art der oben angeführten Verluste günstig beeinflußt werden, kann ein Abtragoptimum und ein Verschleißminimum nicht mit gleichen Impulsparametern erreicht werden.

Es wurden deshalb Vergleichsversuche durchgeführt, um zu prüfen, ob durch eine zusätzliche Kühlung der Elektrode die mechanischen Leistungskennwerte zu verbessern sind.

Unter gleichen elektrischen Bedingungen und gleicher Spülanordnung wurden massive Kupferelektroden mit 40 mm Außendurchmesser und einem zentralen Spülkanal von 8 mm Durchmesser (entsprechend der VDI-Richtlinie 3400) und gekühlte Elektroden gleicher Stirnfläche in Warmarbeitsstahl eingesenkt. Das Kühlwasser wird durch ein Rohr an den Boden des ringförmigen Kühlvolumens der Elektrode geleitet (Abb. 18).

Aus den Versuchsergebnissen (Abb. 19) ist kein wesentlicher Einfluß der Elektrodenkühlung auf die Abtragleistung und den relativen Werkzeugelektrodenverschleiß ϑ zu ersehen. Nur bei großer Impulsdauer und kleiner Funkenarbeit verringert sich der relative Werkzeugelektrodenverschleiß bei den gekühlten Elektroden. Auf Grund theoretischer Betrachtung kann eine Verringerung des Werkzeugelektrodenabtrags nur bei langen Impulsen wirksam werden, da die Wärmeleitfähigkeit eine Zeitfunktion ist, d. h. nur bei Einstellungen, die auch ohne Kühlung einen geringen relativen Werkzeugelektrodenverschleiß (1%) erreichen, kann dieser durch eine Kühlung noch weiter verringert werden. Deshalb scheint ein Einsatz gekühlter Elektroden auch im Hinblick auf dem Mehraufwand an Vorrichtungen nicht sinnvoll zu sein.

3.5 Aluminium als Elektrodenwerkstoff

Das Verschleißverhalten von Werkzeugelektroden aus Elektrolyt-Kupfer bei der Bearbeitung von Stahl ist weitgehend bekannt. Auf Grund des hohen spezifischen Gewichtes können große Kupferelektroden die Regelung der Maschine belasten. Es erhebt sich die Frage, ob nicht Aluminium mit seinem geringeren spezifischen Gewicht für großflächige Elektroden geeigneter erscheint. Auf Grund von Vorversuchen wurden fünf Aluminiumlegierungen ausgewählt, deren drei Hauptlegierungsanteile den Einsatz als Elektrodenwerkstoff bei der Elektroerosion günstig beeinflussen dürften. Die Zerspannbarkeit der Werkstoffe ist bis auf die hochsiliziumhaltigen als gut zu bezeichnen. Im einzelnen wurden die Gußlegierungen AlMg 5; AlSi 6 Cu 3; AlSi 18 CuNi und AlSi 25 CuNi sowie die aushärtbare Knetlegierung AlMgSi 1 in bezug auf die mechanischen Leistungskenngrößen mit Kupferelektroden verglichen. Die Legierungsbestandteile sowie die physikalischen Eigenschaften sind in der Tab. 3 zusammengestellt.

Bei den Versuchen wurden (entsprechend der VDI-Richtlinie 3400) mit Druckspülung Elektroden mit 60 mm Außendurchmesser in Stahlplatten aus Warmarbeitsstahl 56 NiCrMo V 7 eingesenkt.

Generell werden bei Einstellungen mit kleinem Tastverhältnis τ und kleiner Impulsstromamplitude mit Aluminiumelektroden schlechtere Arbeitsergebnisse erzielt als mit Elektrolytkupfer; die Abtragleistung ist geringer und der Verschleiß höher. Die Unterschiede in den Arbeitsergebnissen für Cu- und Al-Elektroden sind um so geringer, je höher die Impulsfrequenz und die Impulsstromamplitude gewählt werden; das gilt vor allem für hochsiliziumhaltige Al-Elektroden.

Von den fünf ausgewählten Legierungen scheinen G—AlSi 25 CuNi und AlMgSi 1 für die elektroerosive Bearbeitung am brauchbarsten und die Legierung G—AlMg 5 am wenigsten geeignet zu sein. Vergleicht man die mechanischen Leistungskennwerte der Sonden G—AlSi 25 CuNi und AlMgSi 1 mit den Ergebnissen, die beim Einsatz von Kupferelektroden erreicht werden, zeigt sich folgende Tendenz:

Die Abtragleistung bei den oben ausgewählten Aluminiumelektroden liegt im Vergleich zu Kupfer um so günstiger, je größer die Impulsleistung $N_f = A_f \cdot f_f$ wird. Bei einer Temperaturerhöhung von Raumtemperatur bis zum schmelzflüssigen Zustand nimmt Aluminium eine Wärmemenge von ca. 240 $\frac{cal}{g}$ und Kupfer ca. 140 $\frac{cal}{g}$ auf, obwohl der Schmelzpunkt von Aluminium bei 659°C und der von Kupfer bei 1083°C liegt, was zunächst bedeuten würde, daß Aluminiumelektroden einen geringeren Verschleiß aufweisen müßten. Da aber die Wärmeleitfähigkeit von Kupfer mit ca. 0,85 $\frac{cal}{cm \cdot s \cdot grd}$ besser ist als die von Aluminium mit ca. 0,54 $\frac{cal}{cm \cdot s \cdot grd}$, wird die höhere Wärmeaufnahme des Aluminiums durch die bessere Wärmeleitung des Kupfers zum Teil wieder ausgeglichen. Auch hier bestätigt sich wieder (siehe Kap. 2.2), daß bei langen Impulsen die Wärmeleitfähigkeit die mechanischen Leistungskenngrößen beeinflussen kann (Abb. 20).

Ein wesentlicher Einfluß auf den relativen Werkzeugelektrodenverschleiß und auf die Abtragleistung besitzt das Wirkverhältnis λ, das besonders bei kleinem Tastverhältnis und kleiner Impulsstromamplitude bei den Aluminiumelektroden mit 10–20% wesentlich geringer als bei Kupfer mit 90–95% war. Außerdem beschädigen auftretende Kurzschlüsse und stehende Entladungen die Aluminiumelektroden in höherem Maße als die Kupferelektroden.

In den Einstellungen, bei denen das Wirkverhältnis der verschiedenen Elektrodenwerkstoffe annähernd gleichgehalten werden konnte, zeigten sich bei den Aluminiumlegierungen z. T. günstigere mechanische Leistungskenngrößen als bei Kupferelektroden.

In Abb. 21 sind die Abtragleistung V_W und der relative Werkzeugelektrodenverschleiß ϑ der geeignetsten Aluminiumsorten für verschiedene Generatoreinstellungen aufgetragen, wobei die mechanischen Leistungskenngrößen von Elektrolyt-Kupfer gleich 100% gesetzt wurden. Bei geringer Impulsdauer erreicht die hoch-siliziumhaltige Aluminiumelektrode AlSi 25 CuNi bessere Arbeitsergebnisse als die aus AlMgSi 1. Durch den Zusatz von Silizium wird der Erstarrungsbereich bis etwa 750°C erweitert. Da die thermische Belastung der Elektroden bei anodischer Polung vorwiegend am

Beginn eines Impulses liegt, muß die hochsiliziumhaltige Legierung infolge ihres größeren Erstarrungsbereiches die günstigeren Ergebnisse aufweisen. Bei langer Impulsdauer gewinnt die Wärmeleitfähigkeit eines Elektrodenwerkstoffes Einfluß, die für die Legierung AlMgSi 1 höher liegt.

Tab. 3 Eigenschaften der untersuchten Aluminiumsorten

Werkstoff		G—AlSi 6 Cu 3	AlSi 25 CuNi	AlMgSi 1	AlSi 18 CuNi	G—AlMg 5
Schlüssel		3.2151	KS 282	3.2315	KS 281.1	3.3262
Legierungsbestandteile in %	Si	5,0–7,0	25,5	0,8–1,2	17,7	0,5–2,0
	Fe	< 0,7	0,37	0,5	0,6	< 0,5
	Cu	2,0–4,0	1,01	0,10	1,2	< 0,6
	Mn	0,3–0,6	0,04	0,6	0,08	< 0,5
	Mg	0,1–0,3	1,0	0,6–1,2	0,9	4–5,5
	Zn	< 0,5	0,03	0,2	0,05	< 0,1
	Ti	$\leq$ 0,15	0,02	0,1	0,02	$\leq$ 0,2
	Ni	–	1,05	–	1,06	–
Dichte [g/cm^3]		2,8	2,65	2,70	2,68	2,6
Erstarrungsbereich [°C]		520–620	580–750	585–650	580–680	560–630
el. Leitfähigkeit $\left[\dfrac{m}{\Omega \cdot mm^2}\right]$		14–19	ca. 12	28	ca. 20	15–18
Wärmeleitfähigkeit $\left[\dfrac{cal}{cm \cdot s \cdot grd}\right]$		0,35–0,37	0,30	0,42	0,32	0,27
Wärmedehnung $\left[\dfrac{cm}{cm \cdot °C \cdot 10^6}\right]$		22	17,5	23	19,0	23
Zugfestigkeit [kp/mm^2]		17–22	18–22	32–36	18–22	24–28
Brinellhärte [kp/mm^2]		70–100	102	95	110	55–90

4. Zusammenfassung

Aus den Zusammenhängen zwischen den elektrischen, am Impulsgenerator einstellbaren Arbeitsparametern und den mechanischen Kenngrößen wie Abtragleistung und relativer Werkzeugelektrodenverschleiß werden weitere Hinweise über die Art des Abtrag- und Verschleißmechanismus abgeleitet. Danach wird der Durchschlag wahrscheinlich durch leitende Partikel im Bearbeitungsspalt ausgelöst.

Aus den Messungen der Spaltweiten während der Bearbeitung können Rückschlüsse auf die Anforderungen an die Stellgenauigkeit der Werkzeugelektrodenbewegung gezogen werden.

Für die Anwendung der Funkenerosion bei der Herstellung von Raumformen ergeben die Untersuchungen über die geometrische Verteilung des Verschleißes, daß vor allem die Einsenktiefe, die Größe des Bearbeitungsspaltes und die Art der Spülung die Konturschärfe bestimmen und daß eine reine volumetrische Verschleißangabe nur begrenzte Aussagefähigkeit besitzt. Richtung, Druck und Spüllänge beeinflussen außerdem die mechanischen Leistungskennwerte. Um Formverzerrungen zu vermeiden, muß die Durchschlagfestigkeit des Dielektrikums über der Spüllänge möglichst konstant gehalten werden. Der Verschleiß des Werkzeugs sinkt mit dem Spüldruck, aber die Abbildungsgenauigkeit ist innerhalb bestimmter Grenzen um so besser, je kleiner der Bearbeitungsspalt, d. h. je höher der Spüldruck wird.

Auf Grund der Tatsache, daß bei den Impulsgeneratoren die Entladeparameter von dem Zustand im Arbeitsspalt unabhängig sind, wirkt sich die Größe der Bearbeitungsfläche wesentlich weniger auf das Arbeitsergebnis aus, als dies bei Schwingkreisgeneratoren der Fall ist.

Durch eine Wasserkühlung der Elektroden werden die mechanischen Leistungsgrößen nicht beeinflußt.

Der Einsatz von Aluminiumlegierungen als Elektrodenwerkstoff erweist sich im Vergleich zu Kupfer nur bei Schruppeinstellungen als vorteilhaft.

Formelzeichen

a	[mm]	Bearbeitungsspalt
a_s	[mm]	Stirnspalt, Bearbeitungsspalt in Vorschubrichtung
a_a	[mm]	Seitenspalt, Ausfunkspalt
A_f	[Ws]	Funkenarbeit, Impulsenergie
A_F	–	Formabweichung
c	[cal/g · grd]	spezifische Wärme
C_q	[cal/cm³]	Wärmekapazität
C	[μF]	Kapazität
d	[mm]	Durchmesser
F	[mm²]	Fläche
f	[Hz]	Frequenz
f_p	[Hz]	Impulsfrequenz
f_f	[1/sec]	Entladefrequenz, mittlere Häufigkeit der Entladungen
i	[A]	Strom
$\bar{i}_f$	[A]	Strom in der Funkenstrecke
I_f	[A]	Arbeitsstrom, integrierter Strom in der Funkenstrecke
l	[mm]	Länge
l_B	[mm]	Bohrungstiefe
l_E	[mm]	Länge der Eckenabnutzung
l_K	[mm]	Länge der Kantenabnutzung
Δl	[mm]	Längenverschleiß der Werkzeugelektrode
p	[at]	Druck
p_s	[at]	Zufuhrdruck der dielektrischen Flüssigkeit
P_d	[mm Hg]	Sättigungsdampfdruck
Q	[cal]	Wärmemenge
r	[cal/g]	Verdampfungswärme
r_E	[mm]	Eckenabrundung
r_K	[mm]	Kantenabrundung
r_S	[mm]	Seitenkantenabrundung
R_t	[μm]	Rauhtiefe (DIN 4761)
R_a	[μm]	arithmetischer Mittenrauhwert (DIN 4762)
s	[cal/g]	Schmelzwärme
t_i	[sec]	Impulsdauer, Entladedauer
t_0	[sec]	Pausendauer
t_p	[sec]	Periodendauer
T_S	[°C]	Schmelztemperatur
T_{Si}	[°C]	Siedetemperatur
T_F	–	Formtoleranz
u	[V]	Spannung
$\bar{u}_f$	[V]	Spannung an der Funkenstrecke
U_f	[V]	Arbeitsspannung, integrierte Spannung an der Funkenstrecke
U_D	[V]	Durchbruchspannung an der Entladestrecke
U_q	[V]	Spannung der Stromquelle
u_c	[V]	Spannung am Energiespeicher
V_K	[mm³]	Kratervolumen
V_W	[mm³/min]	Abtragleistung
V_E	[mm³/min]	Werkzeugelektrodenverschleiß

V_{WF}	$\left[\dfrac{mm^3}{E}\right]$	Volumenabtrag am Werkstück je Entladung
V_{EP}	$\left[\dfrac{mm^3}{E}\right]$	Volumenabtrag an der Werkzeugelektrode je Entladung
Z		Impedanz, Scheinwiderstand
α	–	Wärmeausdehnungskoeffizient
ϑ	[%]	rel. Werkzeugelektrodenverschleiß
λ	[cal/g · °C · sec]	Wärmeleitfähigkeit
$\lambda_{f,I}$	[%]	Wirkverhältnis – bezogen auf die Frequenz oder den Arbeitsstrom
ϱ	[g/cm³]	Wichte
φ	[grd]	Eckenwinkel
$\varkappa$	[S/cm]	elektrische Leitfähigkeit
η_i	[A/ms]	Impulsverhältnis

Literaturverzeichnis

[1] VDI-ADB 3400, Elektroerosive Bearbeitung. VDI-Verlag, Düsseldorf, Nov. 1965.
[2] BERGHAUSEN, P. E., u. a. (Cincinnati Milling), Electro-Discharge-Machining-Program. Aeronautical Systems Division USA, Final Report ASD-TDR 7-545, July 1963.
[3] DIVERS, S. V., Spark Machining as an aid to production. The Production Engineer 41 (1962), Nr. 3.
[4] DRABKINA, S. J., Theorie über die Entwicklung des Entladekanals bei der Funkenerosion. Zurnal exp. techn. Fiziki 21.
[5] ECKMAN, P. K., Radial Growth of low-voltage spark-discharges in liquid dielectrics. Diss. Carnegie Techn., Pittsburgh (USA) 1959.
[6] GANSER, K., Feinbearbeitung metallischer Werkstoffe durch funkenerosives Senken. Diss., TH Aachen 1961.
[7] GRÖBER, ERK und GRIGULL, Die Grundgesetze der Wärmeübertragung. Springer Verlag, Berlin, 3. Aufl. 1963.
[8] HINÜBER, J., Neuere Verfahren der Metallbearbeitung insbesondere die Elektro-Erosion. Werkstatt u. Betrieb 87 (1954), 2, S. 53.
[9] HOCKENBERRY, T. O., The influence of hydrodynamic effects on electrode erosion in transient Arc-Discharges in liquids. Diss. Carnegie Techn., Pittsburgh (USA) 1964.
[10] HOH, S., Theorie zum Mechanismus der Elektroerosion. Japan Society of Electrical Discharge Machining, Beitrag Nr. 16, 1959.
[11] KOK, I. A., Der elektrische Durchschlag in flüssigen Isolierstoffen. Philips Techn. Bibliothek 1963.
[12] KURAFUJI, H., und K. SUDA, Study on electrical discharge machining. Journal of the Faculty of Engineering Univ. of Tokyo 28 (1965), Nr. 1.
[13] LANGMUIR, IRV., The Vapor Pressure of Metallic Tungsten. Physical Review (1913), Nr. 2.
[14] LAZARENKO, B. R., Inversion der Elektroerosion von Metallen und Methoden der Bekämpfung der Zerstörung elektrischer Kontakte. Diss. am Unionsinstitut für Elektrotechn. (WEI), Moskau 1943.
[15] LEBEDEW, W. W., Über den Mechanismus der Metallbearbeitung mit Hilfe der Elektrofunkenmethode. Isvestya AN ASSR 3 (1950), Nr. 1.
[16] LIWSCHIZ, A. L., Elektroerosive Metallbearbeitung. VEB Verlag Technik, Berlin 1959.
[17] MAEDA, T., Die Messung des mechanischen Drucks bei der Funkenerosion. Journal of the Japan Society of Precision Engineering 29 (1963), Nr. 10.
[18] MIKUSCH, E., Der Einfluß der Dielektrika auf den elektroerosiven Bohrvorgang. Fertigungstechnik 5 (1955), Nr. 12.
[19] MOTOKI, M., Energy Distribution at Gap in Electric-Discharge Machining. Beitrag zur 15. CIRP Hauptvers. 1965.
[20] MÜLLER, H., Beitrag zur Klärung funkenerosiver Vorgänge. Elektrowärme 23 (1965), Nr. 3.
[21] NEKRASHEVICH, I. G., und I. A. BAKUTO, Der Mechanismus des Metallabtrages bei Impuls-Entladungen. Sbornik Fiz.-tekhn. AN BSSR 1960, Nr. 6.
[22] NIWA, Y., und R. FUJIMOTO, Vortragsmanuskript Nr. 23, 26. 6. 1961. Japan Society of Electrical Discharge Machining.
[23] OBRIG, H., Grundlagen der funkenerosiven Gesenkbearbeitung. Diss., TH Aachen 1961.
[24] OPITZ, H., B. SCHUMACHER und W. WEIGAND, Funkenerosion mit statischen Impulsgeneratoren. Thyristorgesteuerte Schaltungen, Probleme der Vorschubregelung, Abtragverhalten. Westdeutscher Verlag, Köln und Opladen 1967.
[25] PALATNIK, L. S., und A. N. LJULITSCHEW, Anwendung der spektralen Analyse bei den Untersuchungen der verdampften Phase bei der elektroerosiven Bearbeitung der Metalle. Zurnal Techn. Fiziki 26 (1956), Nr. 4.
[26] RUDORFF, D. W., The Electro Fragmentation Process. Engineers Digest, London 10 (1949), 8.

[27] Rudorff, D. W., Das Sparcatron Funkenschneidverfahren. Elektrotechn. Zeitschr. ETZ-B 5 (1953), 6.
[28] Schierholt, H., Über den Abtragvorgang bei der funkenerosiven Bearbeitung und Forderungen an Impulsform und Regeleinrichtungen der verwendeten Generatoren.
[29] Singermann, A. S., Die Rolle der Joule-Lenzschen Wärme bei der elektrischen Erosion von Metallen. Zurnal techn. Fiziki 25 (1955), S. 1931.
[30] Singermann, A. S., Über die Ausbildung des Entladekanals bei der elektroerosiven Metallbearbeitung. Zurnal techn. Fiziki 26 (1956), 5, S. 1015.
[31] Singermann, A. S., Über den Mechanismus der Elektroerosion. Isvestya vys. ucebn. zavedenij Fizika (1963), Nr. 1, S. 20.
[32] Smith, R. E., Phenomena accompagnying low-voltage discharges in liquid dielectrics. Diss., Carnegie Techn., Pittsburg (USA) 1954.
[33] Solotych, B. N., Physikalische Grundlagen der Elektro-Funkenbearbeitung von Metallen. Orig.: Phys.-Math. Bibliothek, Moskau 1963. Übers.: VEB-Verlag Technik, Berlin 1955.
[34] Solotych, B. N., Über die physikalischen Grundlagen der elektroerosiven Metallbearbeitung.
[35] Wawrziniak, W., und J. Fischer, Standmengenverhalten von elektroerosiv nachgesetzten und warmeingesenkten Gesenkgravuren für Kombinationszangen. Fertigungstechnik und Betrieb 15 (1965), 4.
[36] Williams, E. M., Theory of Electric Spark Machining. AIEE – Transactions 71/II, 1952.
[37] Mandelstam, S. L., und S. M. Raiskij, Mechanismus der Elektroerosion von Metallen. Isv. AN SSR, Serie Fizika 10 (1949), 9.

Anhang

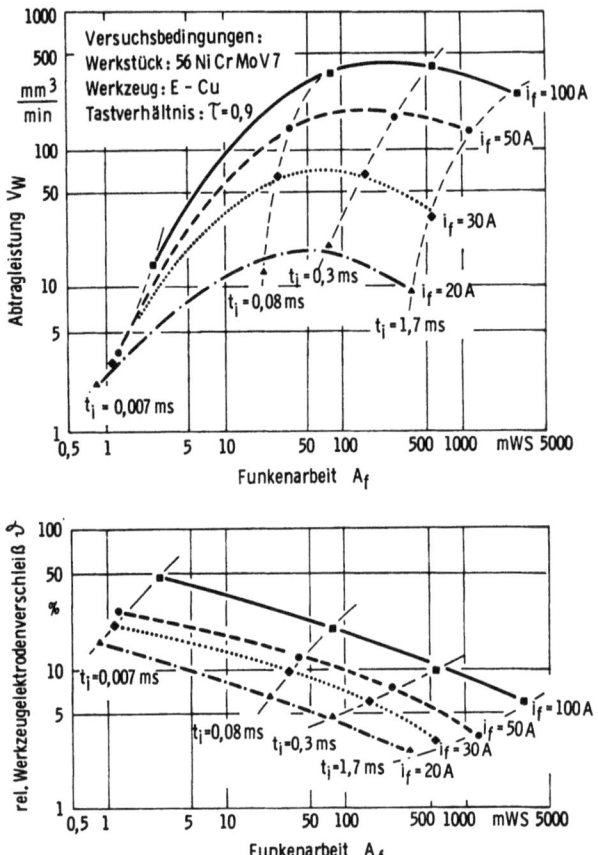

Abb. 1 Abtragleistung V_W und Verschleiß ϑ als Funktion der Funkenarbeit A_f

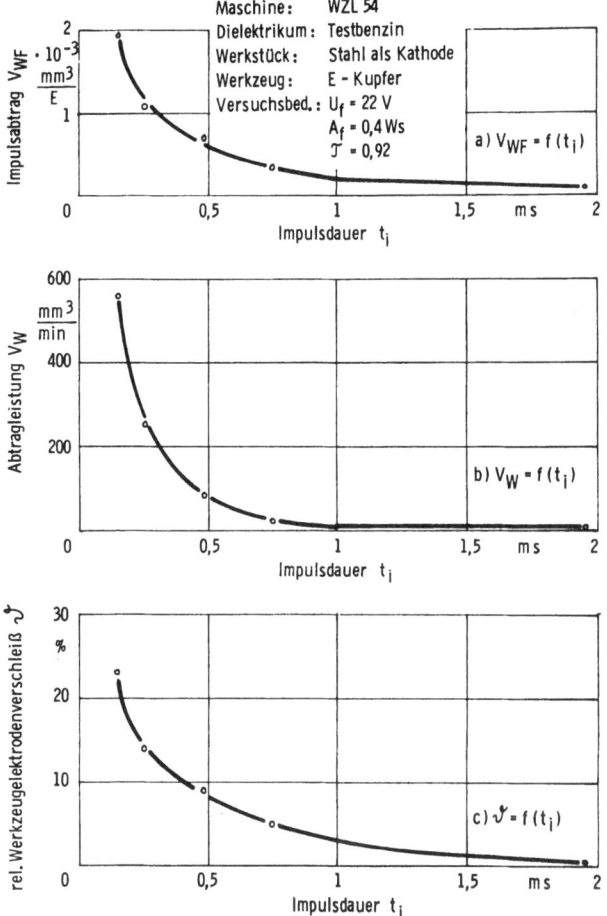

Abb. 2 Mechanische Leistungskenngrößen als Funktion der Impulsdauer t_i bezogen auf eine Funkenarbeit A_f

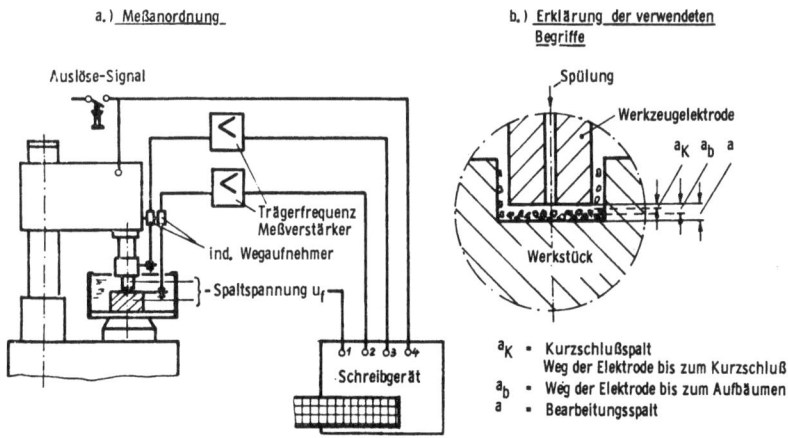

Abb. 3 Aufbau des Spaltmeßverfahrens

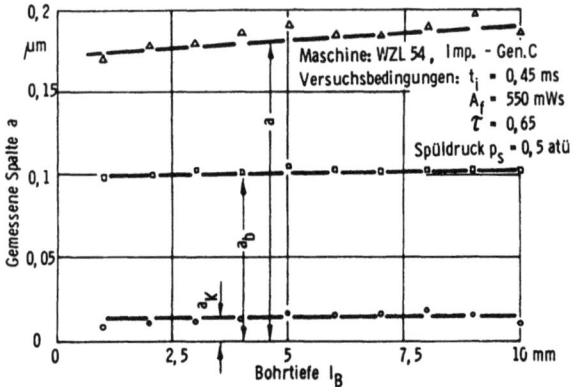

Abb. 4   Spaltweitekriterien a in Abhängigkeit von der Bohrungstiefe l_B

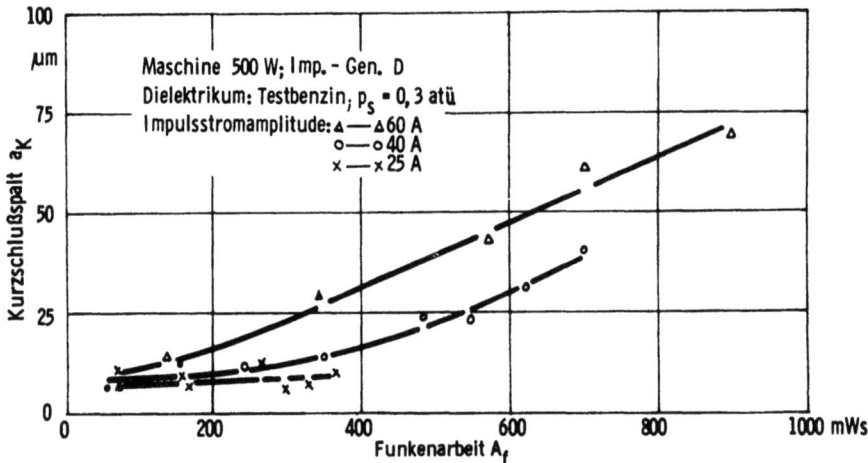

Abb. 5   Kurzschlußspalt a_K in Abhängigkeit von der Funkenarbeit A_f

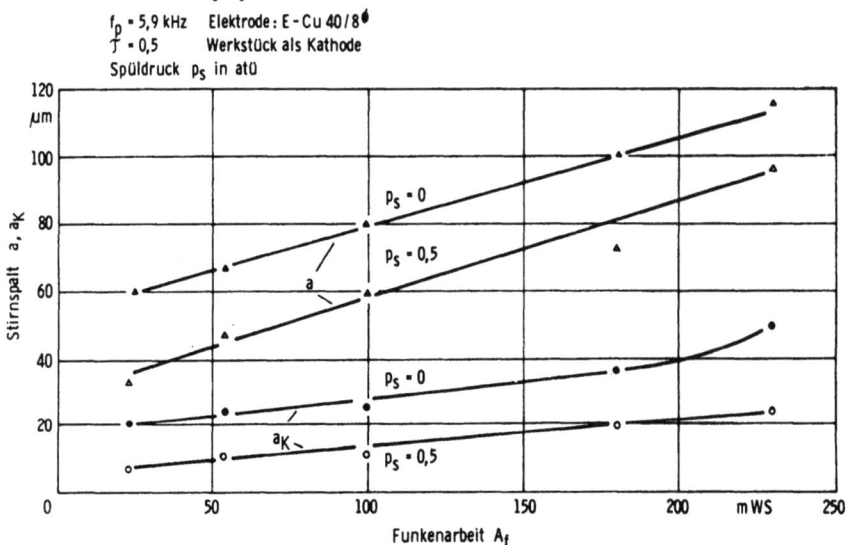

Abb. 6   Spaltweite a in Abhängigkeit vom Spüldruck p_s

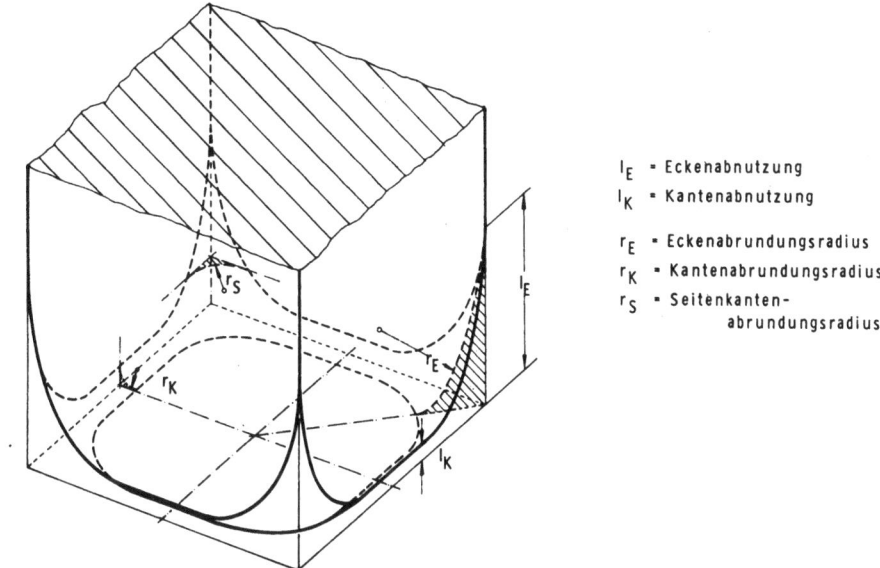

Abb. 7 Erläuterungen der geometrischen Verschleißkenngrößen

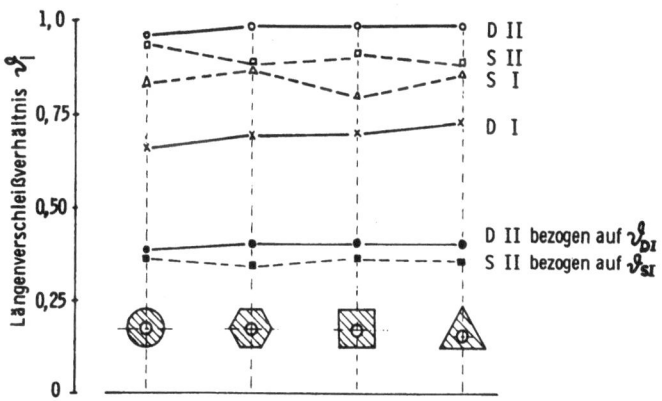

Abb. 8 Längenverschleißverhältnis für verschiedene Werkzeugformen und Arbeitsbedingungen

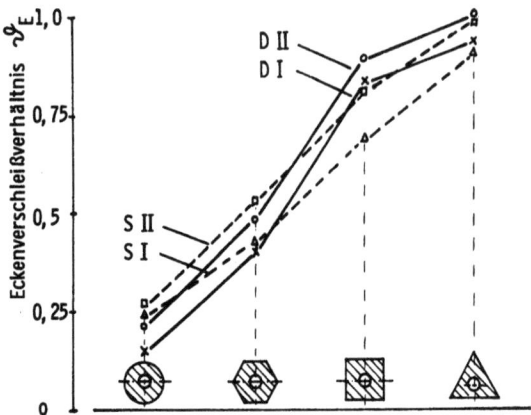

Abb. 9   Eckenverschleißverhältnis für verschiedene Werkzeugformen und Arbeitsbedingungen

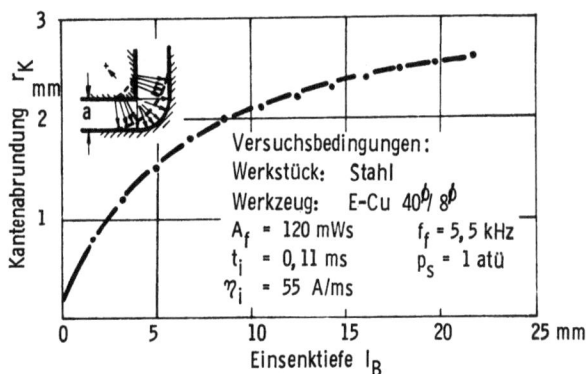

Abb. 10   Kantenabrundung r_K als Funktion der Einsenktiefe l_B

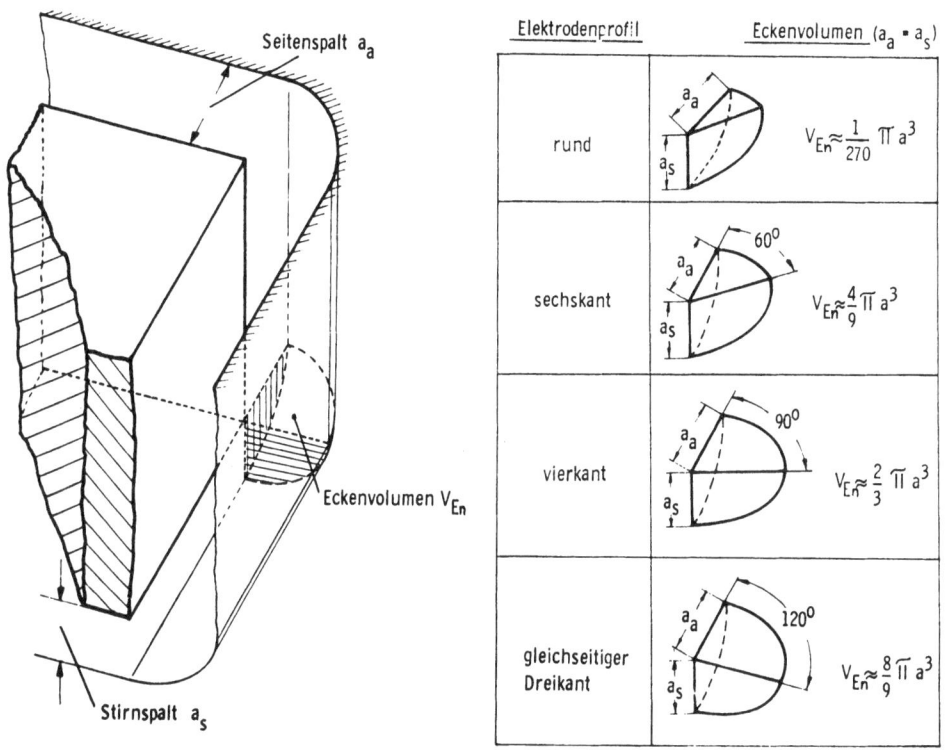

Abb. 11 Schematischer Vergleich des abzutragenden Eckenvolumens V_{En} für verschiedene Profilformen

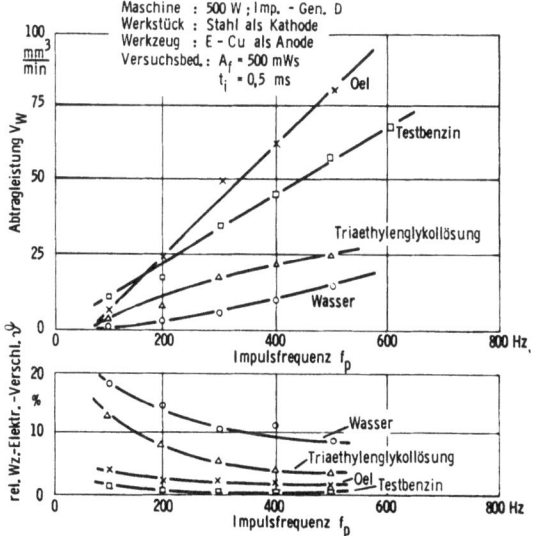

Abb. 12 Einfluß der dielektrischen Flüssigkeit auf die mechanischen Leistungskenngrößen

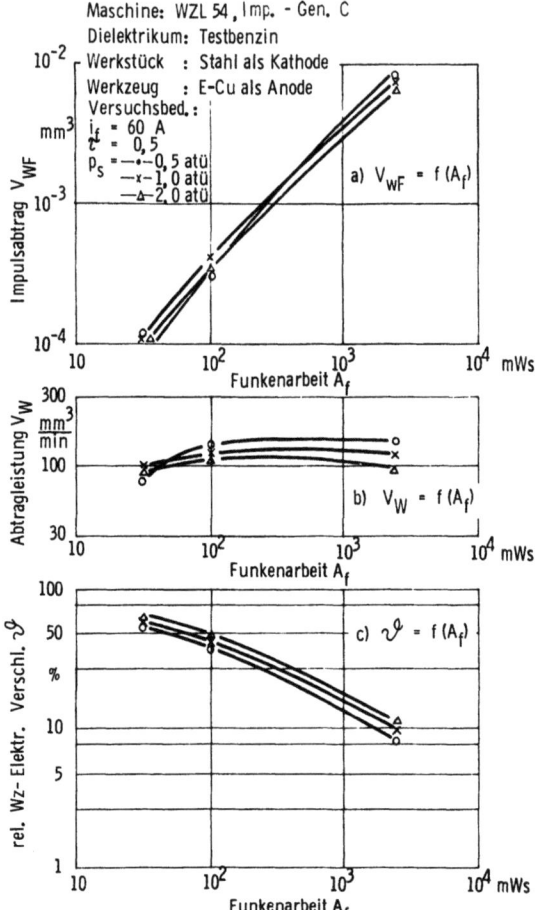

Abb. 13 Einfluß des Spüldruckes auf die mechanischen Leistungskenngrößen

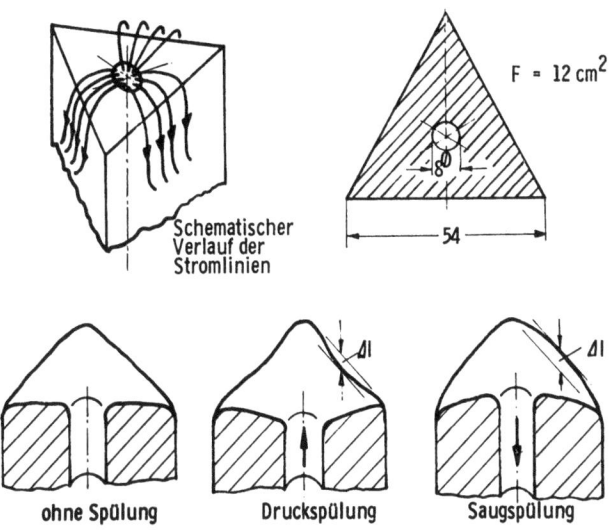

Abb. 14 Formverzerrung durch Spülung

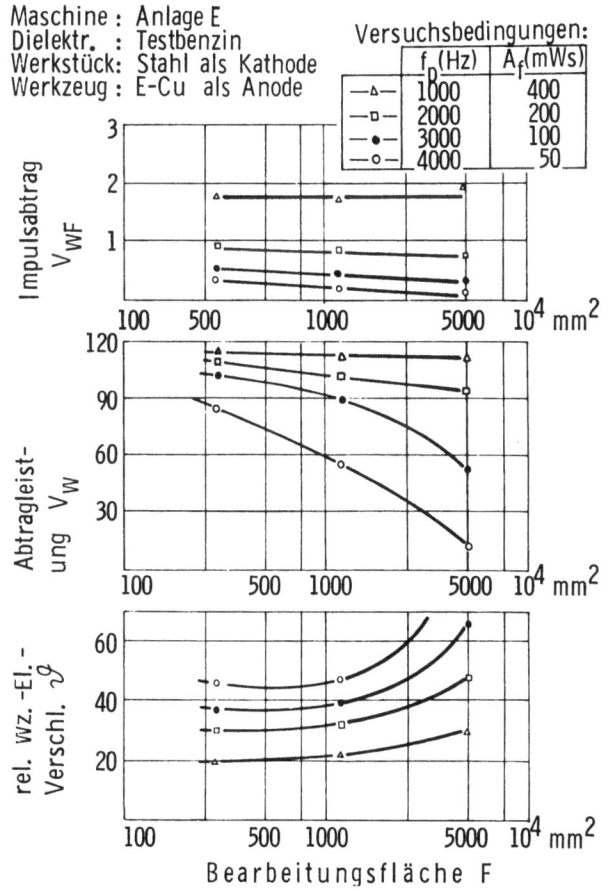

Abb. 15 Mechanische Leistungskenngrößen beim Impulsgenerator als Funktion der Bearbeitungsfläche

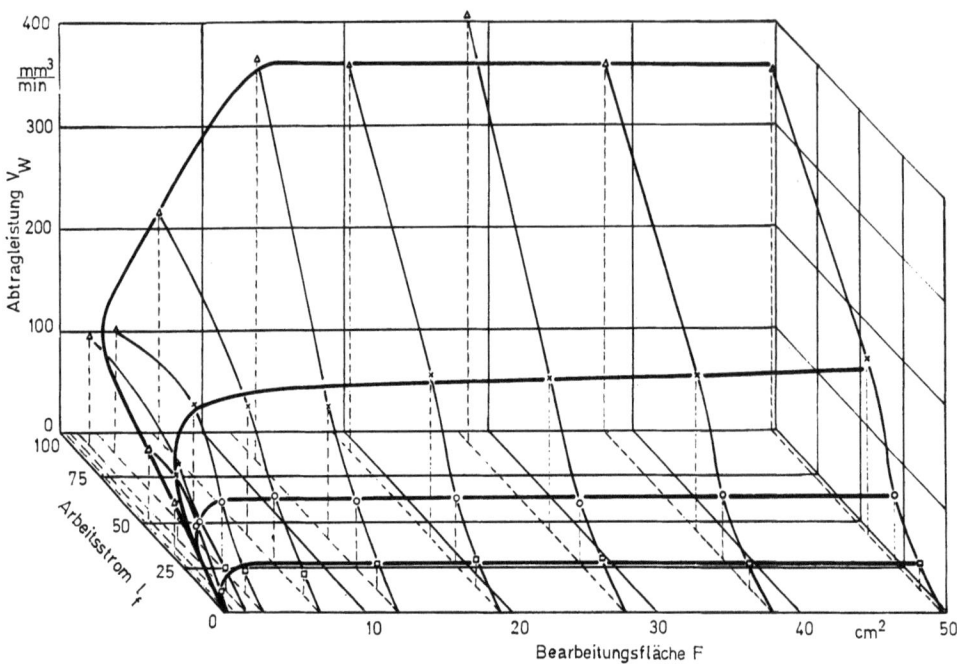

Abb. 16 Abtragleistung V_W in Abhängigkeit von der Elektrodenstirnfläche F und dem Arbeitsstrom I_f

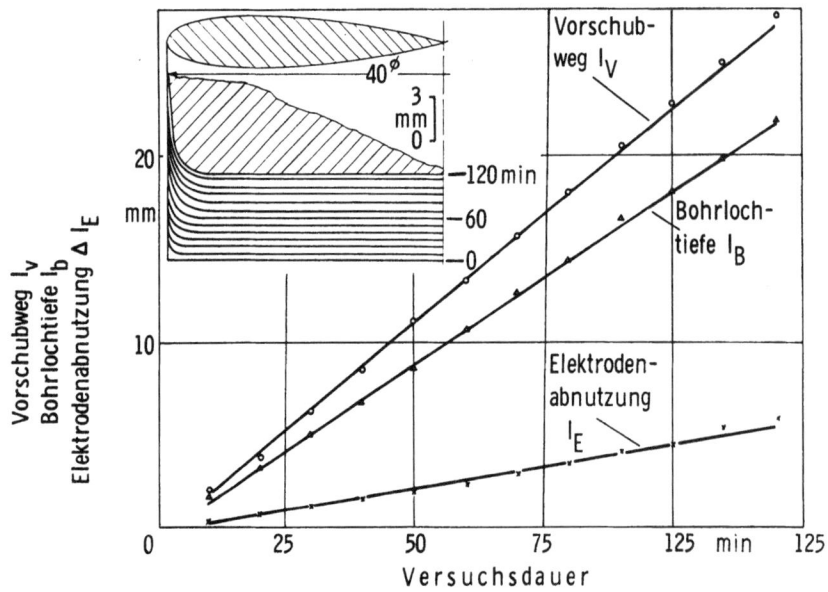

Abb. 17 Vorschub, Bohrtiefe, Längenabnahme und Verschleißausbildung in Abhängigkeit von der Versuchsdauer

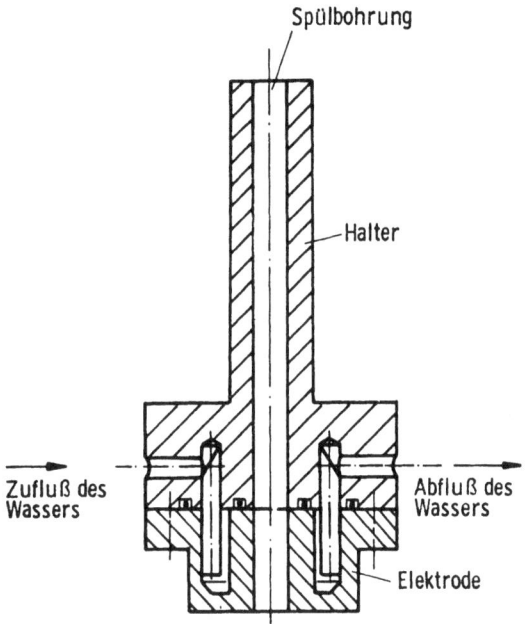

Abb. 18　Wassergekühlte Elektrode

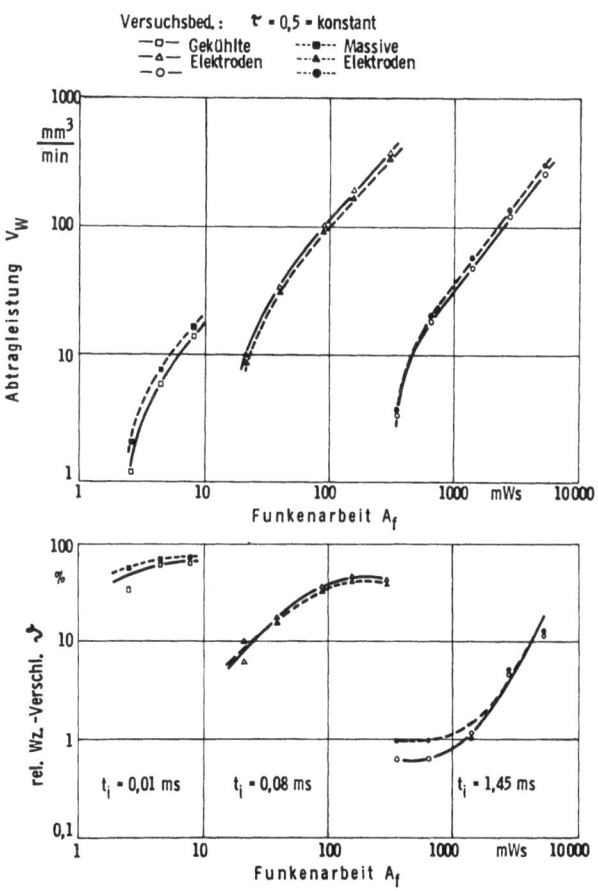

Abb. 19　Mechanische Leistungskennwerte bei massiven und gekühlten Elektroden

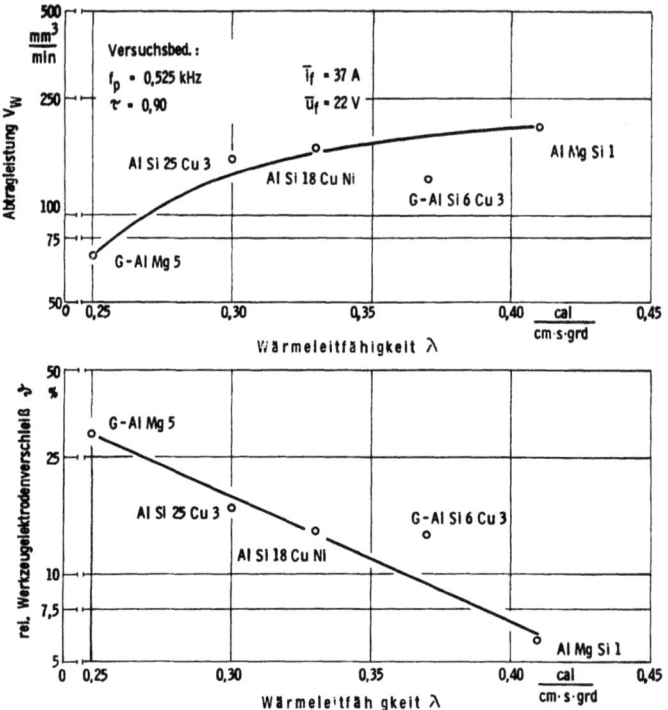

Abb. 20 Einfluß der Wärmeleitfähigkeit

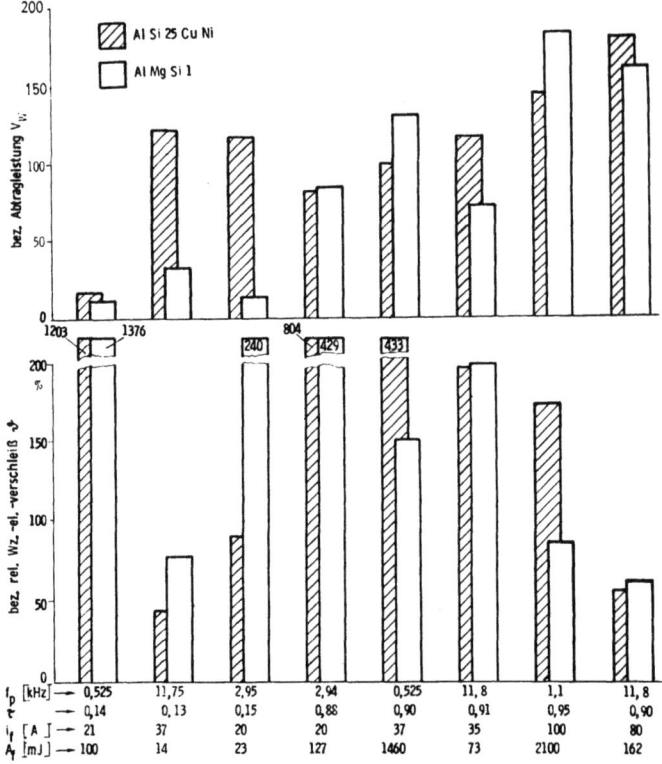

Abb. 21 Mechanische Leistungskenngrößen zweier Aluminiumsorten bei verschiedenen Arbeitsbedingungen

Forschungsberichte des Landes Nordrhein-Westfalen

Herausgegeben im Auftrage des Ministerpräsidenten Heinz Kühn
von Staatssekretär Professor Dr. h. c. Dr. E. h. Leo Brandt

Sachgruppenverzeichnis

Acetylen · Schweißtechnik
Acetylene · Welding gracitice
Acétylène · Technique du soudage
Acetileno · Técnica de la soldadura
Ацетилен и техника сварки

Arbeitswissenschaft
Labor science
Science du travail
Trabajo científico
Вопросы трудового процесса

Bau · Steine · Erden
Constructure · Construction material ·
Soil research
Construction · Matériaux de construction ·
Recherche souterraine
La construcción · Materiales de construcción ·
Reconocimiento del suelo
Строительство и строительные материалы

Bergbau
Mining
Exploitation des mines
Minería
Горное дело

Biologie
Biology
Biologie
Biologia
Биология

Chemie
Chemistry
Chimie
Quimica
Химия

Druck · Farbe · Papier · Photographie
Printing · Color · Paper · Photography
Imprimerie · Couleur · Papier · Photographie
Artes gráficas · Color · Papel · Fotografía
Типография · Краски · Бумага · Фотография

Eisenverarbeitende Industrie
Metal working industry
Industrie du fer
Industria del hierro
Металлообрабатывающая промышленность

Elektrotechnik · Optik
Electrotechnology · Optics
Electrotechnique · Optique
Electrotécnica · Optica
Электротехника и оптика

Energiewirtschaft
Power economy
Energie
Energía
Энергетическое хозяйство

Fahrzeugbau · Gasmotoren
Vehicle construction · Engines
Construction de véhicules · Moteurs
Construcción de vehículos · Motores
Производство транспортных · Средств

Fertigung
Fabrication
Fabrication
Fabricación
Производство

Funktechnik · Astronomie
Radio engineering · Astronomy
Radiotechnique Astronomie
Radiotécnica · Astronomía
Радиотехника и астрономия

Gaswirtschaft
Gas economy
Gaz
Gas
Газовое хозяйство

Holzbearbeitung
Wood working
Travail du bois
Trabajo de la madera
Деревообработка

Hüttenwesen · Werkstoffkunde
Metallurgy · Materials research
Métallurgie · Materiaux
Metalurgia · Materiales
Металлургия и материаловедение

Kunststoffe
Plastics
Plastiques
Plásticos
Пластмассы

Luftfahrt · Flugwissenschaft
Aeronautics · Aviation
Aéronautique · Aviation
Aeronáutica · Aviación
Авиация

Luftreinhaltung
Air-cleaning
Purification de l'air
Purificación del aire
Очищение воздуха

Maschinenbau
Machinery
Construction mécanique
Construcción de máquinas
Машиностроительство

Mathematik
Mathematics
Mathématiques
Mathemáticas
Математика

Medizin · Pharmakologie
Medicine · Pharmacology
Médecine · Pharmacologie
Medicina · Farmacología
Медицина и фармакология

NE-Metalle
Non-ferrous metal
Metal non ferreux
Metal no ferroso
Цветные металлы

Physik
Physics
Physique
Física
Физика

Rationalisierung
Rationalizing
Rationalisation
Racionalización
Рационализация

Schall · Ultraschall
Sound · Ultrasonics
Son · Ultra-son
Sonido · Ultrasónico
Звук и ультразвук

Schiffahrt
Navigation
Navigation
Navegación
Судоходство

Textilforschung
Textile research
Textiles
Textil
Вопросы текстильной промышленности

Turbinen
Turbines
Turbines
Turbinas
Турбины

Verkehr
Traffic
Trafic
Tráfico
Транспорт

Wirtschaftswissenschaften
Political economy
Economie politique
Ciencias económicas
Экономические науки

Einzelverzeichnis der Sachgruppen bitte anfordern

Westdeutscher Verlag · Köln und Opladen
567 Opladen/Rhld., Ophovener Straße 1–3, Postfach 1620

MIX
Papier aus verantwortungsvollen Quellen
Paper from responsible sources
FSC® C105338

If you have any concerns about our products,
you can contact us on
ProductSafety@springernature.com

In case Publisher is established outside the EU,
the EU authorized representative is:
**Springer Nature Customer Service Center GmbH
Europaplatz 3, 69115 Heidelberg, Germany**

Printed by Libri Plureos GmbH
in Hamburg, Germany